全国技工院校机械类专业通用（高级技能层级）

机构与零件（第四版）习题册

王希波　主编

中国劳动社会保障出版社

简介

本习题册是全国技工院校机械类专业通用教材（高级技能层级）《机构与零件（第四版）》的配套用书。本习题册紧扣教学要求，按照教材章节顺序编排，知识点分布均衡，题型丰富多样，难易配置适当，有助于学生复习巩固所学知识。

本习题册由王希波担任主编，刘俊风担任副主编，肖晓、赵京伟、王雪参加编写，王荣圣审稿。

图书在版编目（CIP）数据

机构与零件（第四版）习题册 / 王希波主编. --北京：中国劳动社会保障出版社，2020

全国技工院校机械类专业通用. 高级技能层级

ISBN 978-7-5167-4502-1

Ⅰ.①机… Ⅱ.①王… Ⅲ.①机构学－技工学校－习题集②机械元件－技工学校－习题集 Ⅳ.①TH112-44 ②TH13-44

中国版本图书馆 CIP 数据核字（2020）第 189836 号

中国劳动社会保障出版社出版发行

（北京市惠新东街 1 号　邮政编码：100029）

*

北京市艺辉印刷有限公司印刷装订　新华书店经销

787 毫米 ×1092 毫米　16 开本　5.25 印张　121 千字

2020 年 11 月第 1 版　2024 年 2 月第 3 次印刷

定价：11.00 元

营销中心电话：400-606-6496

出版社网址：http://www.class.com.cn

http://jg.class.com.cn

目　录

绪　论

一、选择题（将正确答案的序号填写在括号内）

1.（　　）是指利用力学原理组成的各种装置，能帮人们降低工作难度或省力。

A．机械　　B．机器　　C．机构　　D．构件

2.（　　）可以用来变换或传递能量、物料和信息。

A．机构　　B．机器　　C．构件　　D．零件

3．转换能量的机器是（　　）。

A．电动机　　B．打印机　　C．起重机　　D．车床

4．在台式钻床中，电动机属于（　　）部分，钻夹头属于（　　）部分，电源开关属于（　　）部分，塔式带轮传动机构属于（　　）部分。

A．动力　　B．控制　　C．执行　　D．传动

5．拆卸器中的压紧螺杆属于（　　）。

A．部件　　B．机构　　C．构件

6．下列机构中的运动副，属于高副的是（　　）。

A．木门合页

B．螺旋千斤顶中螺杆与螺母之间的运动副

C．火车车轮与钢轨之间的运动副

D．液压缸活塞与缸体之间的运动副

7．如图 0–1 所示为（　　）的表示方法。

A．转动副　　B．高副　　C．移动副

图 0–1

8.（　　）是用来变换物料的机器。

A．电动机　　B．打印机　　C．台式钻床

9．金属切削机床的主轴、滑板属于机器的（　　）部分。

A．动力　　B．传动　　C．执行

二、判断题（正确的打“√”；错误的打“×”）

1．高副能传递较为复杂的运动。（　　）

2．凸轮与从动杆的接触属于低副。（　　）

3．门与门框之间的运动副属于低副。（　　）

4．构件都是由若干个零件组成的。（　　）

5．构件是运动的单元，零件是制造的单元。（　　）

6．高副比低副的承载能力大。（　　）

7．机构是具有相对运动构件的组合。（　　）

8．千斤顶螺杆和螺母之间的相对运动组成转动副。（　　）

9．两构件之间只允许做相对移动的运动副是移动副。（　　）

三、填空题（将正确答案填写在横线上）

1. 机械是________与________的总称。

2. 机器一般由________、________、________和________组成。

3. 零件是机器最小的________。

4. 台钻钻夹头的升降机构是通过旋转________，使齿轮旋转，带动齿条上下运动，实现________的上下运动。

5. 高副的表现形式主要有________、________和________等。

6. 低副是________摩擦，摩擦损失________，因而效率________。此外，低副________传递较复杂的运动。

四、名词解释

1. 机械

2. 机器

3. 机构

4. 运动副

5. 螺旋副

五、问答题

1．什么是低副？其分为哪几种类型？

2．低副有哪些特点？

3．什么是高副？其分为哪几种类型？

4．高副有哪些特点？

5．构件与零件之间有什么关系？

6. 零件、部件与机器之间有什么关系？

第一章 带传动与链传动

§1-1 带 传 动

一、选择题（将正确答案的序号填写在括号内）

1．一般机械常用（　　）传动。

A．平带　　B．普通 V 带　　C．同步带

2．数控机床、扫描仪、打印机等传动精度要求较高的场合常用（　　）传动。

A．平带　　B．普通 V 带　　C．同步带

3．普通 V 带的横截面为（　　）。

A．矩形　　B．圆形　　C．等腰梯形

4．按照国家标准，普通 V 带有（　　）种型号。

A．六　　B．七　　C．八

5．普通 V 带的楔角 α 为（　　）。

A．36°　　B．38°　　C．40°

6．（　　）结构用于基准直径较小的带轮。

A．实心式　　B．孔板式　　C．轮辐式

7．V 带轮的轮槽角（　　）V 带的楔角。

A．小于　　B．大于　　C．等于

8．在 V 带传动中，张紧轮应置于（　　）内侧且靠近（　　）处。

A．松边　小带轮　　B．紧边　大带轮　　C．松边　大带轮

9．V 带安装后，要检查带的松紧程度是否合适，一般以拇指按下（　　）mm 为宜。

A．5　　B．15　　C．20

10．在 V 带传动中，带的根数是由所传递（　　）的大小确定。

A．速度　　B．功率　　C．转速

11．在图 1–1 中，V 带在轮槽中的正确位置是（　　）。

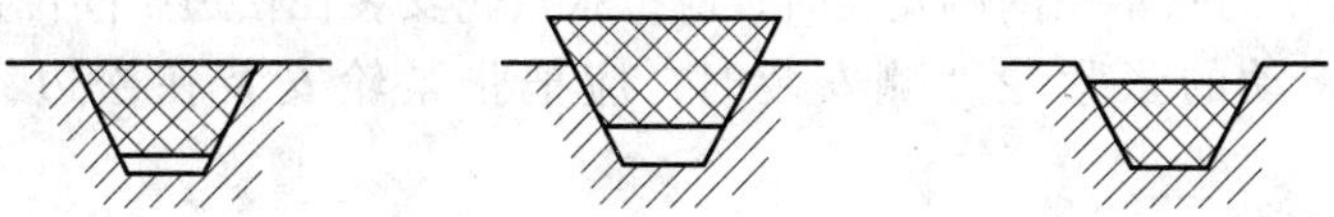

a)　　b)　　c)

图 1–1

A．a）　　B．b）　　C．c）

12．（　　）是 V 带传动的特点之一。

A．传动比准确　　B．过载时出现打滑

C．安装精度要求高

13．窄 V 带的截面高度与普通 V 带的截面高度相比（　　）。

A．要高　　B．要低　　C．相同

14．窄 V 带已广泛应用于（　　）且要求结构紧凑的机械传动中。

A．高速、小功率　　B．高速、大功率　　C．低速、小功率

15．普通 V 带的使用温度宜在（　　）℃以下。

A．20　　B．60　　C．50

16．（　　）传动具有传动比准确的特点。

A．普通 V 带　　B．窄 V 带　　C．同步带

17．强度、工作可靠性、耐磨性和耐腐蚀性要求较高的场合应采用（　　）传动。

A．同步带　　B．窄 V 带　　C．普通 V 带

二、判断题（正确的打"√"；错误的打"×"）

1．圆带的抗拉强度高，工作寿命长。（　　）

2．带传动的传动比是主动轮转速与从动轮转速之比。（　　）

3．V 带绳芯结构柔韧性好，适用于转速较高的场合。（　　）

4．一般情况下，小带轮的轮槽角要小一些，大带轮的轮槽角要大一些。（　　）

5．普通传动的传动比一般都应大于 7。（　　）

6．在两带轮直径不变的情况下，两带轮中心距越大，小带轮包角越大。（　　）

7．在使用过程中需更换 V 带时，新旧不同的 V 带可以同组使用。（　　）

8．在安装 V 带时，张紧程度越紧越好。（　　）

9．在 V 带传动中，带速过大或过小都不利于带的传动。（　　）

10．在 V 带传动中，小带轮上的包角一定小于大带轮上的包角。（　　）

11．在安装 V 带轮时，两带轮的轴线应相互平行。（　　）

12．在 V 带传动中，不需要安装防护罩。（　　）

13．V 带轮的轮槽角小于 V 带的楔角。（　　）

14．V 带的根数越多，传动能力越小。（　　）

15．与普通 V 带相比，窄 V 带的传动能力更大、效率更高。（　　）

16．同步带传动不是依靠摩擦力而是依靠啮合力来传递运动和动力的。（　　）

17．摩托车发动机、数控机床均采用同步带传动，而不采用 V 带传动。（　　）

18．同步带传动的节能效果不明显。（　　）

19．同步带传动的张紧轮内侧安装时，应把张紧轮安装在松边中间位置。（　　）

20．同步带传动的张紧轮外侧安装时，应把张紧轮安装在松边靠近大带轮一侧。（　　）

三、填空题（将正确答案填写在横线上）

1．带传动一般由＿＿＿＿＿、＿＿＿＿＿和＿＿＿＿＿组成。

2．根据工作原理不同，带传动可分为＿＿＿＿＿带传动和＿＿＿＿＿带传动两大类。

3．带传动的工作原理是：依靠带与带轮接触面间产生的＿＿＿＿＿或＿＿＿＿＿来传递＿＿＿＿＿和＿＿＿＿＿。

4．V 带传动过载时，传动带会在带轮上＿＿＿＿＿，可以防止＿＿＿＿＿的损坏，起

到__________的作用。

5．V 带是一种无接头的环形带，其横截面是______________，______________与轮槽相接触，V 带与轮槽底面__________。

6．V 带主要有____________结构和____________结构两种，其分别由____________、__________、__________和__________四部分组成。

7．普通 V 带已经标准化，按照其横截面尺寸由小到大分为_______、_______、_______、_______、_______、_______、_______七种型号。

8．普通 V 带带轮的常用结构有__________、__________、__________和__________四种。

9．在安装 V 带轮时，两带轮的轴线应相互__________，两带轮轮槽的对称平面应__________。

10．V 带传动常见的张紧方法有________________法和________________法。

11．窄 V 带顶面呈__________，两侧呈__________，带弯曲后侧面与轮槽能更好贴合，增大了__________，提高了__________。

12．同步带传动依靠带表面上等距的横向齿与带轮__________的啮合来传递运动。

13．同步带的齿形有__________和__________两种。

14．同步带有__________面同步带和__________面同步带两种类型。

15．按照齿形不同，同步带轮可分为__________同步带轮和__________同步带轮；按照结构不同，又可分为__________带轮和__________带轮。

16．同步带一般由__________、__________、__________和__________四部分组成。

四、名词解释

1．机构的传动比

2．V 带的节宽

3．V 带的楔角

4．V 带轮的基准直径

5．带传动的包角

五、问答题

1．V 带传动的包角与中心距有何关系？包角与传递的功率有何关系？一般要求小带轮的包角为多少？

2．V 带传动的中心距与传动能力有何关系？

3．V 带传动的带速一般取多少为宜？带速为何不能过高也不能过低？

4. V 带的根数与传动能力有何关系？V 带的根数为何不能过多？

5. 简述普通 V 带传动的优点。

6. 什么是同步带传动？

六、综合题

1. 在 V 带传动中，已知主动轮的基准直径 d_{d1}=120 mm，从动轮的基准直径 d_{d2}=300 mm，求传动比 i_{12}。

2. 列举几种带传动在日常生活和生产实践中的应用。

§1-2 链 传 动

一、选择题（将正确答案的序号填写在括号内）

1. 不能保证准确的平均传动比的是（　　）。

A．V 带传动　　　　B．同步带传动　　　　C．链传动

2．一般链传动的传动比≤（　　）。

A．6　　　　B．8　　　　C．10

3．要求传动平稳性高、传动速度高、噪声较小时，宜选用（　　）。

A．套筒滚子链　　　　B．多排链　　　　C．齿形链

4．要求两轴中心矩较大，且为低速、重载和高温等场合下工作，宜选用（　　）。

A．V 带传动　　　　B．链传动　　　　C．平带传动

5．链的长度用链节数表示，链节数最好取（　　）。

A．奇数　　　　B．偶数　　　　C．任意数

6．因链轮具有多边形的特点，链传动的运动表现为（　　）。

A．均匀性　　　　B．不均匀性　　　　C．间歇性

7．套筒滚子链的套筒与内链板之间采用的是（　　）。

A．间隙配合　　　　B．过渡配合　　　　C．过盈配合

8．套筒滚子链的销轴与外链板之间采用的是（　　）。

A．间隙配合　　　　B．过渡配合　　　　C．过盈配合

9．当链节数为奇数时，链接头需采用（　　）。

A．开口销锁定　　　　B．弹簧夹锁定　　　　C．过渡链节锁定

10．小链轮齿数不宜过少，一般应大于（　　）个。

A．15　　　　B．17　　　　C．21

二、判断题（正确的打“√”；错误的打“×”）

1．链传动属于啮合传动，所以瞬时传动比恒定。（　　）

2．链传动有过载保护作用。（　　）

3．与带传动相比，链传动的传动效率较高，一般可达 0.95 ~ 0.98。（　　）

4．高速、大功率传动时，可选用小节距的双排链或多排链。（　　）

5．欲使链条连接时正好内链板和外链板相接，链节数应该取偶数。（　　）

6．链传动的承载能力与链排数成反比。（　　）

7．链条的相邻两销轴中心线之间的距离称为节数。（　　）

8．套筒与销轴之间采用的是过盈配合。（　　）

9．链轮不可以翻面使用。（　　）

10．齿形链由一系列的齿链板和导板交替叠加，用铰链连接而成。（　　）

三、填空题（将正确答案填写在横线上）

1．链传动不宜用于要求__________传动的机械上。

2．链传动最常见的是______________链传动和__________链传动。

3．链传动是由______________、______________和__________组成，通过链轮轮齿与链条的__________来传递__________和__________。

4．常用的套筒滚子链主要有______________、______________和______________等。

5．套筒滚子链由__________、__________、__________、__________和__________等组成。

6．套筒滚子链常用的接头形式有__________、__________和______________等。

7．齿形链又称__________，由一系列的__________和______________交替装配，用铰链连接而成。

8．链条速度越大，链条与链轮间的冲击力也__________，会使传动__________，同时加速链条和链轮的__________。

9．链轮齿数一般应取与链节数互为质数的__________。

10．新链条过长或链条经使用后伸长而难以调整时，可拆去部分__________，但必须为__________。

11．齿形链传动应避免在______________和__________的环境中使用。

12．齿形链传动的润滑方式主要有__________润滑、__________润滑、__________润滑、__________润滑和__________润滑等。

四、名词解释

1．链传动的传动比

2．节距

3．节数

五、问答题

1．链传动有哪些优点？

2．对链轮材料有哪些要求？一般采用什么材料？

六、综合题

1．拆装自行车的链条，了解其基本结构。

2．链传动的类型有很多，在日常生活和生产实践中应用广泛，列举一个教材中没有讲述的链传动实例。

第二章　螺纹连接和螺旋传动

§2-1　螺纹的基本知识

一、选择题（将正确答案的序号填写在括号内）

1. 广泛应用于紧固连接的螺纹是（　　），而传动螺纹常采用（　　）。
   A．三角形螺纹　　B．矩形螺纹　　C．梯形螺纹
2. 普通螺纹的牙型为（　　）。
   A．三角形　　B．梯形　　C．矩形
3. 普通螺纹的公称直径是指螺纹的（　　）。
   A．大径　　B．中径　　C．小径
4. 在管螺纹中，与圆柱内螺纹配合的圆锥外螺纹的特征代号是（　　）。
   A．R_1　　B．Rc　　C．RP
5. 梯形螺纹广泛应用于（　　）中。
   A．螺旋传动　　B．螺纹连接　　C．微调机构
6. 锯齿形螺纹的特征代号是（　　）
   A．Rc　　B．Tr　　C．B
7. 双线螺纹的导程等于螺距的（　　）倍。
   A．2　　B．1　　C．0.5
8. 管螺纹由于管壁较薄，为防止过多削弱管壁强度，应采用特殊的（　　）。
   A．粗牙螺纹　　B．细牙螺纹　　C．连接螺纹
9. 用（　　）进行连接，不用填料即能保证连接的紧密性。
   A．非螺纹密封管螺纹　　B．螺纹密封管螺纹
   C．非螺纹密封管螺纹和螺纹密封管螺纹
10. 微调装置的调整机构一般采用（　　）。
   A．矩形螺纹　　B．锯齿形螺纹　　C．细牙普通螺纹
11. 普通螺纹的特征代号用字母（　　）表示。
   A．Tr　　B．M　　C．G
12. “普通螺纹 M12-7g-L-LH”表示螺纹的公称直径为（　　）mm。
   A．1　　B．7　　C．12
13. “M20×2-5H-S”表示（　　）牙、（　　）旋合长度的内螺纹。
   A．细　短　　B．粗　长　　C．细　中等

二、判断题（正确的打“√”；错误的打“×”）

1. 按用途不同，螺纹可分为普通螺纹、管螺纹和传动螺纹。（　　）
2. 螺纹按形成螺纹的表面不同可分为内螺纹和外螺纹。（　　）

3. 螺杆顺时针方向旋入的螺纹为右旋螺纹。 (　　)

4. 普通螺纹的公称直径是指螺纹大径的公称尺寸。 (　　)

5. 相互旋合的内外螺纹，其旋向相同，公称直径相同。 (　　)

6. 所有的管螺纹连接都是依靠其螺纹本身来密封的。 (　　)

7. 传动螺纹大多采用多线的三角形螺纹。 (　　)

8. 螺纹导程是指同一条螺旋线上相邻两牙之间两对应点的轴向距离。 (　　)

9. 锯齿形螺纹广泛应用于单向螺旋传动中。 (　　)

10. 普通螺纹的螺纹大径是指与外螺纹牙顶或内螺纹牙底相切的假想圆柱的直径。 (　　)

11. 梯形螺纹和锯齿形螺纹的旋向代号标注在尺寸代号的尾部。 (　　)

12. “G4B–LH” 表示尺寸代号为 4 的 B 级右旋圆柱外螺纹。 (　　)

13. “RP3/4” 是非密封管螺纹的标记。 (　　)

三、填空题（将正确答案填写在横线上）

1. 常见的螺纹牙型有________、________和________等。

2. 管螺纹主要用于________连接，按其密封状态可分为________管螺纹和________管螺纹。

3. 细牙螺纹适用于________零件的螺纹连接和________机构。

4. 在螺纹牙型上，两相邻牙侧间的夹角称为________。

5. 按螺旋线的线数分类，螺纹可分为________螺纹和________螺纹。

6. 普通螺纹的完整标记由________、________、________及其他个别信息组成。

7. ________不标螺距，________必须注出螺距。

8. 管螺纹的尺寸代号只是一个表示________和________尺寸特征的代号，不是管螺纹的任何尺寸。

四、名词解释

1. 螺纹大径

2. 螺距

3. 导程

4．螺纹升角

§2-2　螺纹连接

一、选择题（将正确答案的序号填写在括号内）

1．“垫圈　GB/T 95　10”中“10”的含义是（　　）。

A．垫圈的外径　　B．垫圈的内径　　C．与其配套螺母的螺纹大径

2．两被连接件上均为通孔且有足够装配空间的场合应采用（　　）连接。

A．螺柱　　B．螺钉　　C．螺栓

3．下面是机械防松方法的是（　　）防松。

A．开口销　　B．双螺母　　C．弹簧垫圈

二、判断题（正确的打“√”；错误的打“×”）

1．螺纹连接的连接件大都已经标准化。（　　）

2．螺栓连接用于被连接件之一较厚，且不必经常拆卸的场合。（　　）

3．螺栓连接时，预紧力不能过大，否则会损伤螺杆。（　　）

4．螺母转角法常用于普通螺纹连接的预紧。（　　）

5．单线普通螺纹具有自锁性能，在静载荷下螺纹连接不会自行松开。（　　）

三、填空题（将正确答案填写在横线上）

1．常用的螺纹连接件有________、________、________、________、垫圈和防松零件等。

2．常见的螺纹连接有________、________、________和________四种类型。

3. 控制预紧力的方法有很多，常用的有________、________、________和________等。

4．螺纹连接常用的防松方法有________、________、________三种形式。

四、问答题

1．解释“螺栓　GB/T 5780　M12×50”的含义。

2. 解释“螺柱　GB/T 899　M12 × 50”的含义。

3. 解释“螺钉　GB/T 819.1　M6 × 20”的含义。

§2-3　螺旋传动概述

一、选择题（将正确答案的序号填写在括号内）

1. 螺旋传动中，效率最高的是（　　）。

A. 滑动螺旋传动　　B. 滚动螺旋传动　　C. 静压螺旋传动

2. 容易实现自锁的螺旋传动是（　　）。

A. 滑动螺旋传动　　B. 滚动螺旋传动　　C. 静压螺旋传动

3. 螺旋千斤顶采用的是（　　）。

A. 滑动螺旋传动　　B. 滚动螺旋传动　　C. 静压螺旋传动

二、判断题（正确的打“√”；错误的打“×”）

1. 滑动螺旋传动低速或微调时可能出现“爬行”现象。（　　）

2. 滚动螺旋传动具有传动的可逆性。（　　）

3. 滑动螺旋传动比滚动螺旋传动的定位精度高。（　　）

4. 滚动螺旋传动比滑动螺旋传动的传动效率高。（　　）

三、填空题（将正确答案填写在横线上）

螺旋传动在机械中的用途主要有____________、____________、____________和____________四个方面。

四、名词解释

1. 滑动螺旋传动

2．滚动螺旋传动

3．静压螺旋传动

五、问答题

1．螺旋传动有哪些特点？

2．滑动螺旋传动有哪些特点？

3．滚动螺旋传动有哪些特点？

§2-4 滑动螺旋传动

一、选择题（将正确答案的序号填写在括号内）

1．螺杆回转，螺母做直线运动的螺旋传动属于（　　）。

A．单动螺旋传动　B．双动螺旋传动　C．差动螺旋传动

2．某螺旋传动装置，螺杆为双线螺纹，导程为 12 mm，当螺母转两周后，螺杆位移量为（　　）mm。

A．12　　B．24　　C．48

3．普通螺旋传动中，从动件直线移动方向与（　　）有关。

A．主动件的回转方向　　B．螺纹的旋向

C．主动件的回转方向和螺纹的旋向

4．（　　）多用于车辆转向机构及对传动精度要求较高的场合。

A．滚动螺旋传动　B．差动螺旋传动　C．普通螺旋传动

5．车床丝杠螺母的螺旋运动采用的是（　　）。

A．螺母固定不动，螺杆回转并做直线运动

B．螺杆固定不动，螺母回转并做直线运动

C．螺杆回转，螺母移动

6．台虎钳夹紧机构采用的是（　　）。

A．螺母固定不动，螺杆回转并做直线运动

B．螺母回转，螺杆做直线运动

C．螺杆回转，螺母移动

7．机床进给机构若采用双线螺纹，螺距为 4 mm，设螺杆转 4 周，则螺母（刀具）的位移是（　　）mm。

A．4　　B．16　　C．32

8．如图 2–1 所示的螺旋传动中，*a* 处螺纹导程为 P_{ha}，*b* 处螺纹导程为 P_{hb}，且 $P_{ha}>P_{hb}$，旋向相同均为右旋，则当件 1 按图示方向旋转一周时，件 2 的运动情况是（　　）。

A．向右移动（$P_{ha}-P_{hb}$）

B．向左移动（$P_{ha}-P_{hb}$）

C．向左移动（$P_{ha}+P_{hb}$）

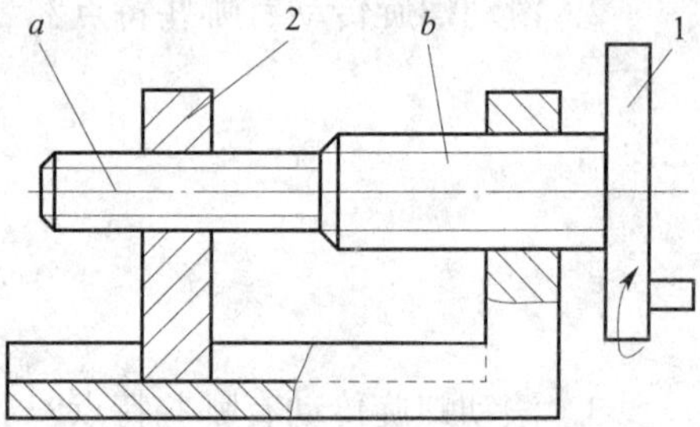

图 2–1

9．对于重要传动中要求耐磨性高的螺杆，可选用（　　）并进行淬火处理。

A．Q275　　B．45 钢　　C．50 钢　　D．40Cr

10．要求较高的螺母，材料可选用（　　）。

A．40Cr　　B．65Mn　　C．铸造锡青铜　　D．铸铁

二、判断题（正确的打“√”；错误的打“×”）

1．单动螺旋传动是指螺杆不动，螺母既旋转又移动。（　　）

2．螺杆固定不动，螺母回转并做直线运动的螺旋传动属于单动螺旋传动。（　　）

3．差动螺旋传动可以产生极小的位移，可方便地实现微量调节。（　　）

4．在普通螺旋传动中，从动件的直线移动方向不仅与主动件转向有关，还与螺纹的旋向有关。（　　）

5．精密机床中的螺旋传动宜选用黏度低、抗磨性好的轴承油或液压油。（　　）

三、填空题（将正确答案填写在横线上）

1．滑动螺旋传动分为__________螺旋传动和__________螺旋传动两种类型。

2．普通螺旋传动的形式可以分为__________螺旋传动和__________螺旋传动

两类。

3. 双动螺旋传动是指____________和____________都做运动的螺旋传动。

4. 旋向相同的差动螺旋传动是指螺杆上两螺纹____________相同而____________不同的差动螺旋传动。

四、名词解释

1. 普通螺旋传动

2. 差动螺旋传动

五、问答题

1. 简述普通螺旋传动运动方向的判定方法。

2. 螺旋传动的润滑方式有哪些?

六、综合题

1. 某普通螺旋传动机构，双线螺杆驱动螺母做直线运动，螺距为 6 mm，螺杆转两转时，螺母的移动距离是多少?

2．如图 2–2 所示为差动螺旋传动，螺旋副 a：M10 × 2–6H/7g8g–LH，螺旋副 b：M12 × 2.5–6H/7g–LH。当螺杆按图示转向转动 0.5 周时，活动螺母 2 相对导轨移动多少距离？其方向如何？

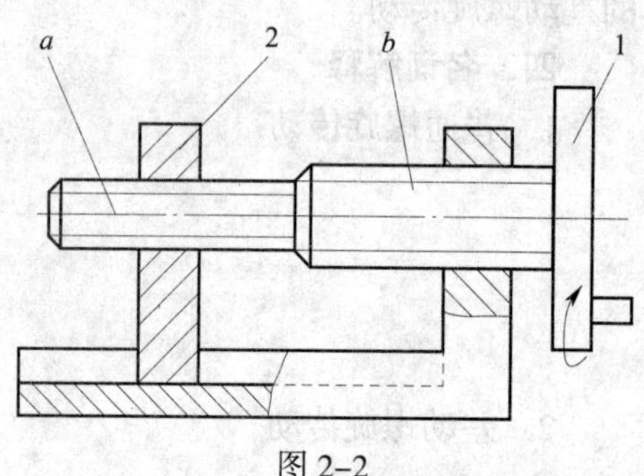

图 2–2

3．有一普通螺旋传动，单线螺距为 6 mm。若欲使螺母移动 24 mm，螺杆应转多少转？

§2–5　滚动螺旋传动

一、选择题（将正确答案的序号填写在括号内）

1．内循环式滚动螺旋传动的特点是（　　）。

A．承载能力较高　B．径向尺寸大　C．易磨损　D．效率高

2．内循环式滚动螺旋传动反向器的数量与螺母上滚道的圈数相比（　　）。

A．少一圈　B．少两圈　C．相等　D．多一圈

二、判断题（正确的打“√”；错误的打“×”）

1．外循环式滚动螺旋传动的滚动体在循环结束后，通过螺母外表面上的螺旋槽或插管返回丝杠和螺母间的螺旋槽重新进入循环。（　　）

2．外循环式滚动螺旋传动结构简单，承载能力较高，径向尺寸小。（　　）

3．内循环式滚动螺旋传动的滚珠是单圈循环。（　　）

4．重载传动系统适合用外循环式滚动螺旋传动。（　　）

5．滚动螺旋传动接触式的弹性密封圈，其内孔做成与丝杆螺纹滚道相配的形状。（　　）

6．非接触式密封圈的内孔与丝杆螺纹滚道的形状相同。（　　）

三、填空题（将正确答案填写在横线上）

1．在螺旋传动的螺杆和螺母的螺纹滚道间置入__________就构成了滚动螺旋传动。

2．滚动螺旋传动按滚珠的循环方式分为__________式和__________式两种。

第三章　齿轮与蜗杆传动

§3-1　齿轮传动概述

一、选择题（将正确答案的序号填写在括号内）

1．能保证瞬时传动比恒定，工作可靠性高，传递运动准确的是（　　）。

A．带传动　　B．链传动　　C．齿轮传动

2．齿轮传动能保持准确的（　　），所以传动平稳，工作可靠性高。

A．平均传动比　　B．瞬时传动比　　C．传动比

二、判断题（正确的打“√”；错误的打“×”）

1．齿轮传动是利用主动轮、从动轮的轮齿与轮齿之间的摩擦力来传递运动和动力的。（　　）

2．齿轮传动的传动比是指主动轮转速与从动轮转速之比，与其齿数成正比。（　　）

3．齿轮传动具有瞬时传动比恒定，工作可靠性高，运转过程中没有振动、冲击和噪声，所以应用广泛。（　　）

4．齿轮传动不适用于中心距较大的场合。（　　）

5．齿轮传动可以实现无级变速。（　　）

三、填空题（将正确答案填写在横线上）

1．按轮齿的方向分类，圆柱齿轮可分为__________圆柱齿轮、__________圆柱齿轮和人字齿圆柱齿轮。

2．按防护装置形式不同，齿轮传动可分为__________齿轮传动和__________齿轮传动。

四、综合题

1．一对齿轮传动，主动轮齿数 z_1=20，从动轮齿数 z_2=50，主动轮转速 n_1=1 000 r/min，试计算传动比 i 和从动轮转速 n_2。

2. 观察车床主轴箱或汽车变速器中的齿轮都有哪些类型。

§3–2 直齿圆柱齿轮传动

一、选择题（将正确答案的序号填写在括号内）

1. 渐开线齿轮就是以（　　）作为齿廓的齿轮。

A．同一基圆上产生的两条反向渐开线

B．任意两条反向渐开线

C．两个半径不同的基圆所产生的两条反向渐开线

2. 齿轮侧隙的大小与齿轮的（　　）有关。

A．顶隙　　B．齿顶高

C．齿根高　　D．大小、精度、安装和应用情况

3. 渐开线上任意一点的发生线必（　　）基圆。

A．相交于　　B．相切于　　C．垂直于

4. 标准直齿圆柱齿轮的分度圆直径 d 等于（　　）。

A．mz　　B．d_b　　C．$m(z+2)$

5. 两渐开线直齿圆柱齿轮正确啮合的条件是（　　）。

A．$m_1=m_2$　　B．$\alpha_1=\alpha_2$　　C．$m_1=m_2$ 和 $\alpha_1=\alpha_2$

6. 斜齿圆柱齿轮传动、人字齿圆柱齿轮传动属于（　　）间齿轮传动。

A．平行两轴　　B．相交两轴　　C．交叉两轴

7. 标准直齿圆柱齿轮的分度圆齿厚（　　）齿槽宽。

A．大于　　B．等于　　C．小于

8. 在直齿圆柱齿轮上，两个相邻且同侧端面齿廓之间的分度圆弧长称为（　　）。

A．齿距　　B．齿厚　　C．齿槽宽

9. 基圆上的压力角等于（　　）。

A．40°　　B．20°　　C．0°

10. 标准直齿圆柱齿轮分度圆上的压力角（　　）20°。

A．大于　　B．小于　　C．等于

11. 国家标准规定，齿轮的标准压力角在（　　）上。

A．齿顶圆　　B．齿根圆　　C．分度圆

12. 一对标准直齿圆柱齿轮正确啮合，两齿轮的模数（　　），两齿轮的分度圆上压力角（　　）。

A．相等　不相等　B．相等　相等　C．不相等　相等

13．内齿轮的齿顶圆（　　）分度圆，齿根圆（　　）分度圆。

A．大于　B．小于　C．等于

14．内齿轮的齿廓是（　　）的。

A．外凸　B．内凹　C．平直

15．轮齿的齿根高应（　　）齿顶高。

A．大于　B．小于　C．等于

16．渐开线齿轮的模数 m 和齿距 p 的关系为（　　）。

A．$pm=\pi$　B．$m=\pi p$　C．$p=\pi m$

17．标准直齿圆柱齿轮分度圆半径 r、基圆直径 r_b 与压力角 α 三者的关系为（　　）。

A．$r_b=r\cdot\cos\alpha$　B．$r=r_b\cdot\cos\alpha$　C．$r\cdot r_b=\cos\alpha$

二、判断题（正确的打"√"；错误的打"×"）

1．当齿轮的齿数相同时，模数越大，分度圆直径越大。（　　）

2．齿轮传动的传动比也等于两齿轮齿数的正比。（　　）

3．模数越大，轮齿的厚度越大。（　　）

4．同一基圆上产生的渐开线的形状不一定相同。（　　）

5．渐开线齿廓上各点的压力角都相等。（　　）

6．内齿轮、外齿轮轮齿的齿廓都是外凸的。（　　）

7．国家标准规定，标准直齿圆柱齿轮的齿顶高系数 $h_a^*=1$。（　　）

8．渐开线齿廓上各点的压力角是不相等的。（　　）

9．渐开线齿轮传动的瞬时传动比恒定不变。（　　）

10．模数等于齿距除以圆周率的商，是一个没有单位的量。（　　）

11．当模数一定时，齿轮的几何尺寸与齿数无关。（　　）

12．齿数相等的齿轮，模数越大，轮齿越大，承载能力越大。（　　）

13．内齿轮的齿顶圆直径小于齿根圆直径。（　　）

三、填空题（将正确答案填写在横线上）

1．形成渐开线的圆称为＿＿＿＿＿＿。

2．在机械传动中，为保证齿轮传动的平稳可靠性，齿轮齿廓通常采用＿＿＿＿＿＿。

3．以同一基圆上产生的两条＿＿＿＿＿＿作为齿廓的齿轮称为渐开线齿轮。

4．渐开线齿轮在啮合过程中，即使两轮的实际中心距与设计的中心距稍有改变，其＿＿＿＿＿＿仍能保持不变。

5．渐开线齿廓上各点的压力角＿＿＿＿＿＿，离基圆越远的点，压力角越＿＿＿＿＿＿，基圆上的压力角等于＿＿＿＿＿＿。

6．国家标准规定：渐开线圆柱齿轮分度圆上的压力角等于＿＿＿＿＿＿，标准直齿圆柱齿轮的齿顶高系数 h_a^* 等于＿＿＿＿＿＿，顶隙系数 c^* 等于＿＿＿＿＿＿。

7．直齿圆柱齿轮正确啮合条件是：两齿轮的模数必须＿＿＿＿＿＿，两齿轮的分度圆上压力角必须＿＿＿＿＿＿。

8．两外齿轮相互啮合的传动称为＿＿＿＿＿＿齿轮传动，一个内齿轮与一个外齿轮啮合的传动称为＿＿＿＿＿＿齿轮传动。

四、名词解释

1．基圆

2．压力角

3．模数

4．分度圆

五、综合题

1．机床因超负荷将一对啮合的标准直齿圆柱齿轮损坏，现仅测得其中一个齿轮的齿顶圆半径为 48 mm，齿根圆半径为 41.25 mm，两轴承孔中心距为 135 mm。试求两齿轮的齿数和模数。

2. 某工人进行技术革新，找到两个标准直齿圆柱齿轮，测得小齿轮的齿顶圆直径为 115 mm，因大齿轮太大，只测出其齿高为 11.25 mm，两齿轮的齿数分别为 21 和 98。试判定两齿轮是否可以正确啮合传动。

3. 如图 3–1 所示，Ⅰ、Ⅲ两轴同轴线，各轮的齿数分别为 21、25、59 和 z_2。齿数分别为 21、59 的两齿轮模数为 5 mm，n_1=1 440 r/min，n_2=480 r/min。求齿轮 z_2 的齿数及模数、齿距、分度圆直径、齿顶圆直径和齿根圆直径。

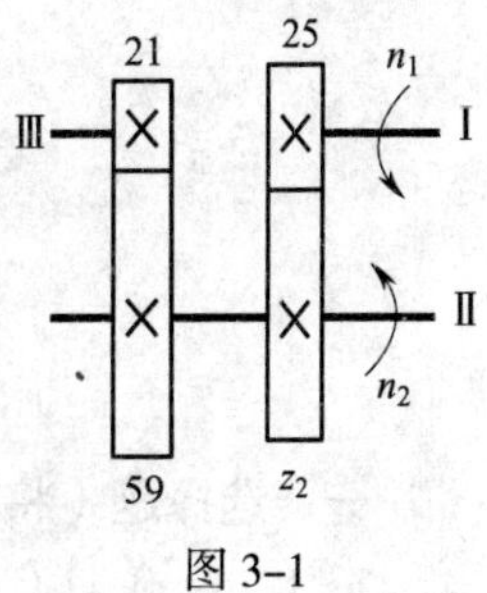

图 3–1

4. 一对外啮合标准直齿圆柱齿轮，主动轮转速 n_1=1 500 r/min，从动轮转速 n_2=500 r/min，两轮齿数之和（z_1+z_2）为 120，模数 m=4 mm。试计算两齿轮的齿数 z_1、z_2 和中心距 a。

5. 某机构需要一对直齿圆柱齿轮传动。中心距要求为 144 mm，传动比要求为 2。现有四种标准直齿圆柱齿轮，其齿数和齿顶圆直径分别为：

（1）$z_1=24$，$d_{a1}=104$ mm；

（2）$z_2=47$，$d_{a2}=196$ mm；

（3）$z_3=48$，$d_{a3}=250$ mm；

（4）$z_4=48$，$d_{a4}=200$ mm。

试分析能否从这四种齿轮中选出符合要求的一对。

§3-3 其他齿轮传动

一、选择题（将正确答案的序号填写在括号内）

1.（　　）具有承载能力大、传动平稳、使用寿命长等特点。

A. 斜齿圆柱齿轮　　B. 直齿圆柱齿轮　　C. 锥齿轮

2. 国家标准规定，斜齿圆柱齿轮的（　　）模数和齿形角为标准值。

A. 法面　　B. 端面　　C. 法面和端面

3. 直齿锥齿轮应用于两轴（　　）的传动。

A. 平行　　B. 相交　　C. 相错

4. 国家标准规定，直齿锥齿轮（　　）处的参数为标准参数。

A. 小端　　B. 大端　　C. 中平面

5. 齿条的齿廓是（　　）。

A. 圆弧　　B. 渐开线　　C. 直线

6. 如图 3-2 所示为（　　）圆柱齿轮。

A. 左旋斜齿　　B. 右旋斜齿　　C. 直齿

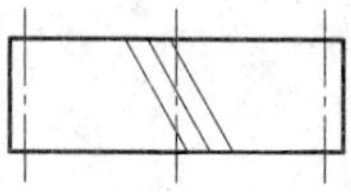

图 3-2

7. 斜齿轮传动时，其轮齿啮合线先（　　），再（　　）。

A. 由短变长　　B. 由长变短　　C. 不变

8. 在锥齿轮中，（　　）锥齿轮应用最广。

A. 曲齿　　B. 斜齿　　C. 直齿

9. 在直齿锥齿轮中，为了便于（　　），规定以大端的参数作为标准参数。

A. 计算　　　　　　B. 测量　　　　　　C. 加工

10. 斜齿圆柱齿轮的端面几何参数以下标（　　）做标记，法向几何参数以下标（　　）做标记。

A. x　　　　　　B. n　　　　　　C. t

11. 以下各齿轮传动中，不会产生轴向力的是（　　）。

A. 直齿圆柱齿轮　B. 斜齿圆柱齿轮　C. 直齿锥齿轮

二、判断题（正确的打"√"；错误的打"×"）

1. 斜齿圆柱齿轮螺旋角一般取 8° ~ 30°，常用 8° ~ 15°。（　　）

2. 一对外斜齿圆柱齿轮啮合传动时，两齿轮螺旋角大小相等、旋向相同。（　　）

3. 斜齿圆柱齿轮的螺旋角越大，传动平稳性越差。（　　）

4. 斜齿圆柱齿轮的端面参数为标准值。（　　）

5. 齿条齿廓上各点的压力角均相等，都等于标准值 20º。（　　）

6. 对于斜齿圆柱齿轮齿面与直齿圆柱齿轮齿面来说，其齿面形成原理完全不同。（　　）

7. 斜齿圆柱齿轮传动适用于高速、重载的场合。（　　）

8. 直齿锥齿轮两轴间的交角可以是任意的。（　　）

9. 大齿轮、小齿轮的齿数分别为 42 和 21，当两齿轮相互啮合传动时，大齿轮转速高，小齿轮转速低。（　　）

10. 收缩顶隙锥齿轮对润滑都不利。（　　）

11. 等顶隙锥齿轮的强度比收缩顶隙锥齿轮低。（　　）

三、填空题（将正确答案填写在横线上）

1. 斜齿圆柱齿轮比直齿圆柱齿轮承载能力________，传动平稳性________，使用寿命________。

2. 斜齿圆柱齿轮的正确啮合条件为：两齿轮____________模数相等，____________齿形角相等，螺旋角____________，螺旋方向____________。

3. 齿轮齿条传动的主要目的是将齿轮的____________运动转变为齿条的____________运动。

4. 斜齿圆柱齿轮螺旋角越大，轮齿倾斜程度越________________，传动平稳性越____________，轴向力也越____________。

5. 直齿锥齿轮的正确啮合条件为：两齿轮____________相等，两齿轮____________相等。

6. 直齿锥齿轮按顶隙的变化情况可分为________________锥齿轮和____________锥齿轮两种。

四、名词解释

1. 斜齿圆柱齿轮螺旋角

2．收缩顶隙锥齿轮

3．等顶隙锥齿轮

五、综合题

1．某齿轮齿条传动，已知与齿条啮合的齿轮齿数 z_1=52，齿顶圆直径 d_{a1}=108 mm，当齿条移动了 1 307 mm 时，求齿轮转过了多少转？

2．已知与齿条啮合的齿轮的转速 n_1=100 r/min，齿轮齿数 z_1=20，模数 m=3 mm，求齿条的移动速度是多少？

3．一对锥齿轮传动的传动比为 3，主动轮齿数 z_1=30，转速 n_1=600 r/min。求从动轮的齿数 z_2 和转速 n_2。

4. 从你接触到的齿轮传动中，找出斜齿圆柱齿轮传动的应用实例，该齿轮是否可以用直齿圆柱齿轮代替？为什么？

5. 简述斜齿圆柱齿轮的正确啮合条件。

§3-4 齿轮的失效与材料

一、选择题（将正确答案的序号填写在括号内）

1. 齿轮失效主要发生在（　　）部位。

A. 轮齿　　B. 齿圈　　C. 轮辐　　D. 轮毂

2.（　　）是防止轮齿折断的措施。

A. 增大齿根过渡圆角半径　　B. 提高润滑油的黏度

C. 改善齿面的接触情况　　D. 提高齿面硬度

3.（　　）不是防止齿面胶合的措施。

A. 对低速齿轮传动应采用黏度较大的润滑油

B. 对于高速齿轮传动应采用含抗胶合剂的润滑油

C. 减小轮齿表面粗糙度和提高齿面硬度

D. 进行精心跑合，以改善齿面的接触情况

4. 提高齿面硬度对防止（　　）没有效果。

A. 轮齿折断　　B. 齿面点蚀　　C. 齿面塑性变形　　D. 齿面胶合

5. 硬齿面齿轮的硬度大于（　　）

A. 35HBW　　B. 35HRC　　C. 350HBW　　D. 350HRC

6. 软齿面齿轮传动中，常使小齿轮的齿面硬度比大齿轮的（　　）。

A．低 20 ~ 50HBW　　　　　　　　　　B．高 20 ~ 50HBW

C．低 20 ~ 50HRC　　　　　　　　　　D．高 20 ~ 50HRC

7．表面淬火一般用于（　　）材料制造的齿轮。

A．铸铁　　B．低碳钢　　C．中碳钢　　D．低碳合金钢

8．大直径的齿轮可用铸钢（　　）处理。

A．渗碳后淬火　　B．表面淬火　　C．调质　　D．正火

9．内齿轮常采用（　　）处理。

A．淬火　　B．调质　　C．正火　　D．渗氮

二、判断题（正确的打"√"；错误的打"×"）

1．直齿圆柱齿轮容易发生轮齿的局部折断。（　　）

2．齿面点蚀首先出现在齿根表面靠近节线处。（　　）

3．在开式传动中，通常看不到点蚀现象。（　　）

4．在高速、重载传动中容易出现冷胶合。（　　）

5．齿面胶合产生以后会很快使齿轮报废。（　　）

6．使新齿轮副在重载下进行跑合，可为随后的正常工作创造有利条件。（　　）

7．跑合结束后，必须清洗和更换润滑油。（　　）

8．低速、重载的软齿面齿轮在过载严重和启动频繁时容易发生齿面塑性变形。（　　）

9．选用较低黏度的润滑油可以有效防止齿面塑性变形。（　　）

10．灰铸铁齿轮常用于低速、轻载和无冲击的场合。（　　）

11．尺寸较大、结构形状复杂的齿轮可以用铸钢，而不宜用锻钢。（　　）

三、填空题（将正确答案填写在横线上）

1．齿轮轮齿失效主要有________、________、________、________和________等形式。

2．轮齿像一个悬臂梁，工作时，若轮齿危险截面的弯曲应力超过其极限值，轮齿将发生________。

3．轮齿折断有两种情况：一种是________折断，另一种是________折断。

4．齿面胶合有________胶合和________胶合两种。

5．防止齿面磨损的措施有：尽量采用________式齿轮传动，提高齿面________，降低________和采用清洁的润滑油等。

6．适用于制造齿轮的常用材料有________、________和________。

7．根据热处理后齿面硬度的不同，钢制齿轮可分为________齿轮和________齿轮。

8．根据齿轮的材料不同，齿轮常用的热处理方式主要有________、________、________、________、________等。

四、名词解释

1．齿轮传动的失效

2．齿面胶合

五、问答题

1．防止轮齿折断的措施有哪些？

2．什么是齿面点蚀？

3．防止齿面点蚀的措施有哪些？

4．对齿轮材料性能的基本要求有哪些？

§3−5　齿轮的结构与润滑

一、选择题（将正确答案的序号填写在括号内）

1．当 v>12 m/s 时，闭式齿轮传动的润滑方式应采用（　　）。

A．人工定期加油润滑　　B．喷油润滑　　C．油池润滑

2. 良好的润滑能起到（　　）的作用。

A. 增大摩擦　　B. 降低噪声　　C. 提高承载能力

二、判断题（正确的打“√”；错误的打“×”）

1. 良好的润滑可以提高齿轮传动效率，延缓轮齿失效，延长齿轮的使用寿命。（　　）

2. 闭式齿轮传动常采用人工定期加油润滑，开式齿轮传动常采用油池润滑。（　　）

三、填空题（将正确答案填写在横线上）

1. 齿轮的常用结构形式有________、________、________和________等四种。

2. 当 $v<12$ m/s 时，闭式齿轮传动的润滑方式应采用________润滑。

3. 开式齿轮传动通常采用人工定期润滑，可采用________润滑或________润滑。

四、问答题

选择润滑油的原则有哪些？

§3-6 蜗 杆 传 动

一、选择题（将正确答案的序号填写在括号内）

1. 在圆柱蜗杆传动中，（　　）蜗杆应用广泛。

A. 阿基米德　　B. 渐开线

C. 法向直廓　　D. 锥面包络

2. 在蜗杆传动中，蜗杆与蜗轮轴线在空间一般交错成（　　）。

A. 30°　　B. 60°　　C. 90°　　D. 120°

3. 与齿轮传动相比，蜗杆传动具有（　　）等优点。

A. 传递功率大　　B. 传动比大　　C. 材料便宜　　D. 效率高

4. 传动比大且准确的传动是（　　）。

A. 齿轮传动　　B. 链传动　　C. 蜗杆传动

5. 在蜗杆传动中，把（　　）于蜗轮轴线并包含相啮蜗杆轴线的平面称为中平面。

A. 垂直　　B. 平行　　C. 重合

6. 国家标准规定，蜗杆以（　　）参数为标准参数，蜗轮以（　　）参数为标准参数。

A. 端面　　B. 轴向　　C. 法面

7. 在中平面内，蜗轮与蜗杆的啮合相当于（　　）的传动。

A. 齿轮和齿条　　B. 丝杆和螺母　　C. 两个斜齿轮

8. 蜗杆直径系数是计算（　　）分度圆直径的参数。

A. 蜗杆　　B. 蜗轮　　C. 蜗杆和蜗轮

9. 在加工蜗杆时，为使刀具标准化，限制滚刀数量，国家规定了（　　）。

A. 蜗杆直径系数　　B. 模数　　C. 导程角

10. 在蜗杆传动中，其几何参数及尺寸计算均以（　　）为准。

A. 垂直平面　　B. 中平面　　C. 法向平面

11. 蜗杆直径系数等于（　　）。

A. 蜗杆轴向模数与分度圆直径的比值

B. 蜗杆分度圆直径与轴向模数的乘积

C. 蜗杆分度圆直径与轴向模数的比值

12.（　　）常用锡青铜、铝青铜或铸铁制造，以减小磨损。

A. 蜗杆　　B. 蜗轮轮心　　C. 蜗轮轮齿

13. 蜗轮轮齿的常用材料是（　　）。

A. 锡青铜　　B. 20Cr 钢　　C. 45 钢

14. 蜗杆一般用（　　）制造。

A. 碳素钢或合金钢　　B. 铸铁

C. 锡青铜

二、判断题（正确的打“√”；错误的打“×”）

1. 蜗轮是一个轮齿沿着齿宽方向呈内凹弧形的斜齿轮。（　　）
2. 在蜗杆传动中，蜗杆与蜗轮轴线空间交错成 60°。（　　）
3. 在蜗杆传动中，一般蜗轮为主动件，蜗杆为从动件。（　　）
4. 当蜗杆的螺旋线升角小于啮合面的当量摩擦角时，蜗杆传动具有自锁性。（　　）
5. 蜗杆通常与轴做成一体。（　　）
6. 蜗杆传动和齿轮传动相比，能够获得很大的单级传动比。（　　）
7. 蜗杆传动可实现自锁，能起安全保护作用。（　　）
8. 蜗杆传动适用于传动功率大和工作时间长的场合。（　　）
9. 在分度机构中，蜗轮蜗杆的传动比可达 1 000 以上。（　　）
10. 互相啮合的蜗杆与蜗轮，其旋向相反。（　　）
11. 蜗杆的分度圆直径不仅和模数有关，还与头数、导程角有关。（　　）
12. 蜗杆导程角的大小直接影响蜗杆的传动效率。（　　）
13. 蜗杆头数越少，传动比越大。（　　）
14. 蜗杆传动的标准模数为蜗杆的轴向模数和蜗轮的端面模数。（　　）
15. 蜗杆传动常用于加速装置中。（　　）
16. 在蜗杆传动中，蜗杆导程角越大，其自锁性越强。（　　）
17. 蜗杆分度圆直径等于模数 m 与头数 z_1 的乘积。（　　）
18. 在蜗杆传动中，摩擦产生的发热量较大，所以要求工作时有良好的润滑条件。（　　）
19. 低速、轻载时蜗杆材料常选用 45 钢调质，高速、重载时常选用铝合金。（　　）
20. 采用油池浸油润滑时，蜗杆最好上置，浸油深度以蜗轮一个齿高为宜。（　　）

三、填空题（将正确答案填写在横线上）

1．常用蜗杆传动主要有________蜗杆传动、________蜗杆传动和________蜗杆传动。

2．阿基米德蜗杆的轴向齿廓是________，法向齿廓是________。

3．蜗轮蜗杆传动由________和________组成，通常由________（主动件）带动________转动，并传递运动和动力。

4．按螺旋面形状的不同，普通圆柱蜗杆有________蜗杆、________蜗杆、________蜗杆和________蜗杆等多种形式。

5．蜗轮齿数可根据________和________来确定。

6．在蜗杆传动中，蜗杆导程角的大小直接影响蜗杆传动的________。

7．蜗杆头数少，则蜗轮蜗杆传动的传动比大，容易________，传动效率较________。

8．蜗轮的回转方向不仅取决于蜗杆的________，而且还取决于蜗杆的________。

9．蜗轮常采用组合结构，连接方式有________连接、________连接和________连接。

10．蜗杆传动的润滑方式主要有________和________。

11．蜗杆传动不适用于________、________工作的场合。

四、名词解释

1．中平面

2．蜗杆导程角

3．蜗杆

4．蜗轮

五、问答题

1．蜗杆传动主要有哪些特点？

2．简述蜗杆传动的应用。

3．简述蜗杆传动的正确啮合条件。

4．蜗轮轮齿的常用材料有哪些？

5．蜗杆传动的散热方式有哪些？

六、综合题

1．判断图 3–3 中蜗轮、蜗杆的回转方向或螺旋方向，并绘制相应的回转符号或旋向符号。

（1）判断 a 图中蜗轮的回转方向。

（2）判断 b 图中蜗杆的回转方向。

（3）判断 c 图中蜗杆的旋向。

（4）判断 d 图中蜗轮的回转方向。

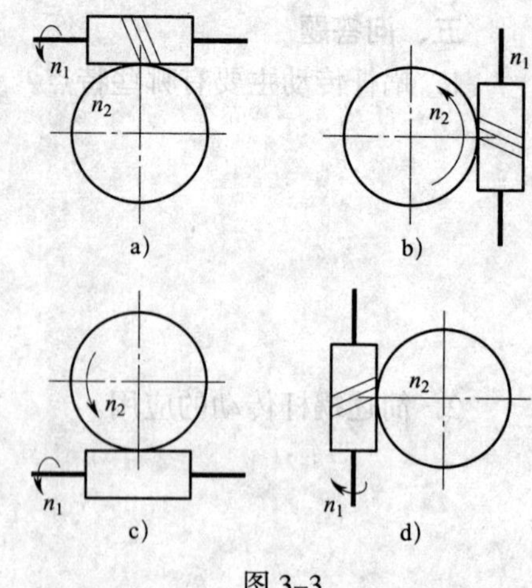

图 3–3

2．已知一蜗杆传动中，蜗杆头数 z_1=3，转速 n_1=1 380 r/min。求：

（1）若蜗轮齿数 z_2=69，则蜗轮转速 n_2 是多少？

（2）若蜗轮转速 n_2=45 r/min，则蜗轮齿数 z_2 是多少？

3．如图 3–4 所示为电动机直接驱动的蜗轮减速器。已知电动机转速 n_1=960 r/min，蜗杆为单头，蜗轮齿数 z_2=60，卷筒直径 D=300 mm。求：

（1）蜗轮蜗杆传动的传动比 i_{12}。

（2）重物 G 的移动速度 v。

（3）用箭头标出图示情况下重物的移动方向（上升还是下降）。

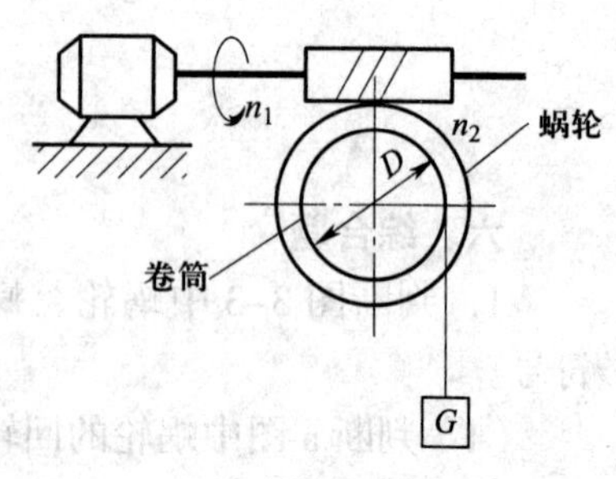

图 3–4

4. 列举一个在日常生活和生产实践中应用蜗杆传动的实例。

第四章 轮　系

§4-1 轮系分类及其应用特点

一、选择题（将正确答案的序号填写在括号内）

1. 当两轴相距较远，且要求瞬时传动比准确，应采用（　　）传动。

A. 带　　B. 链　　C. 轮系

2. 在轮系中，若齿轮与轴各自转动，互不影响，则齿轮与轴之间的位置关系是（　　）。

A. 空套　　B. 固定　　C. 滑移

3. 在轮系中，齿轮与轴之间滑移是指齿轮与轴周向固定，齿轮可沿（　　）滑移。

A. 周向　　B. 轴向　　C. 纵向

二、判断题（正确的打“√”；错误的打“×”）

1. 轮系既可以传递相距较远的两轴之间的运动，又可以获得很大的传动比。（　　）

2. 轮系可以方便地实现变速要求，但不能实现变向要求。（　　）

3. 在轮系中，齿轮与轴可以有固定、空套和滑移三种位置关系。（　　）

4. 在轮系中，齿轮与轴之间固定是指齿轮与轴一同转动，且齿轮能沿轴向移动。（　　）

5. 采用轮系传动可以获得很大的传动比。（　　）

6. 采用轮系可使结构紧凑，缩小传动装置的空间，节约材料。（　　）

三、填空题（将正确答案填写在横线上）

1. 为满足机器的功能要求和实际工作需要，由多对相互啮合齿轮所构成的传动系统称为＿＿＿＿＿＿。

2. 按照轮系传动时各齿轮的轴线位置是否固定，轮系分为＿＿＿＿＿＿、＿＿＿＿＿＿和＿＿＿＿＿＿三大类。

3. 当轮系运转时，所有齿轮几何轴线的位置相对于机架固定不变的轮系称为＿＿＿＿＿＿。

4. 周转轮系分为＿＿＿＿＿＿与＿＿＿＿＿＿两种。

四、名词解释

1. 定轴轮系

2．行星轮系

五、问答题

1．轮系有哪些应用特点？

2．列举出两个在日常生活或生产实践中轮系应用的实例。

3．观察车床主轴箱或汽车变速器中的轮系，它们分别属于哪种轮系类型？

§4-2　定轴轮系传动比及其计算

一、选择题（将正确答案的序号填写在括号内）

1．在轮系中，（　　）既可以是主动轮又可以是从动轮，对总传动比没有影响，起改变齿轮副中从动轮回转方向的作用。

A．惰轮　　B．蜗轮　　C．锥齿轮

2．定轴轮系传动比大小与轮系中惰轮的齿数（　　）。

A．无关　　B．成正比　　C．成反比

3．主动轴转速为 1 200 r/min，若要求从动轴获得 12 r/min 的转速，应采用（　　）。

A．一对齿轮传动　　B．一级链传动

C．轮系

4．在轮系中，两齿轮间若增加（　　）个惰轮时，首末两轮的转向相同。

A．1　　B．2　　C．4

5．轮系采用惰轮的主要目的是使机构具有（　　）功能。

A．变速　　B．变向　　C．变速和变向

6．轮系的末端是螺旋传动，已知末轴转速 n=80 r/min，三线螺杆的螺距为 4 mm，则螺母每分钟移动距离为（　　）mm。

A．240　　B．320　　C．960

7．轮系的末端是齿轮齿条传动，已知齿轮的模数 m=3 mm，齿数 z=25，末轴转速 n=75 r/min，则齿条每分钟移动的距离为（　　）mm。

A．17 662.5　　B．5 625　　C．5 887.5

二、判断题（正确的打"√"；错误的打"×"）

1．在轮系中，若各齿轮轴线相互平行，则可用画箭头的方法确定从动轮的转向，也可用外啮合的齿轮对数确定。（　　）

2．在轮系中，惰轮既可以改变从动轴的转速，又可以改变从动轴的转向。（　　）

3．在轮系中，末端一般不采用螺旋传动。（　　）

4．在轮系中，首末两轮的转速与各自的齿数成反比。（　　）

5．在轮系中，某一个齿轮既可以是前级的从动轮，又可以是后级的主动轮。（　　）

6．轮系可以成为一个变速机构。（　　）

三、填空题（将正确答案填写在横线上）

1．轮系中含有锥齿轮、蜗轮蜗杆、齿轮齿条，其各轮转向只能用＿＿＿＿＿＿的方法表示。

2．定轴轮系中的传动比等于＿＿＿＿＿＿与＿＿＿＿＿＿的转速之比，也等于该轮系中所有＿＿＿＿＿＿齿数的连乘积与所有＿＿＿＿＿＿齿数的连乘积之比。

3．在各齿轮轴线相互平行的轮系中，若外啮合齿轮的啮合对数是偶数，则首轮与末轮的转向＿＿＿＿＿＿；若为奇数，则首轮与末轮的转向＿＿＿＿＿＿。

4．在轮系中，惰轮常用于传动距离＿＿＿＿＿＿和需要改变＿＿＿＿＿＿的场合。

5．在轮系中，末端件若是齿条，它可以把主动件的＿＿＿＿＿＿＿＿变为齿条的＿＿＿＿＿＿。

四、名词解释

1．定轴轮系传动比

2．惰轮

五、综合题

1. 在图 4–1 所示的定轴轮系中，已知各齿轮的齿数分别为：z_1=30，z_2=45，z_3=20，z_4=48。试求轮系传动比 i_{14}，并用箭头在图上标明各齿轮的回转方向。

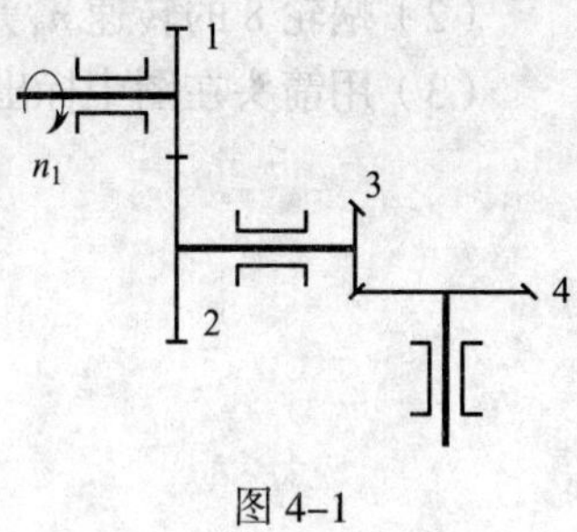

图 4–1

2. 在图 4–2 所示的定轴轮系中，已知 n_1=1 440 r/min，各齿轮的齿数分别为：z_1=z_3=z_6=18，z_2=27，z_4=z_5=24，z_7=81。试求：

（1）轮系中哪一个齿轮是惰轮？

（2）末轮转速 n_7 为多少？

（3）用箭头在图上标明各齿轮的回转方向。

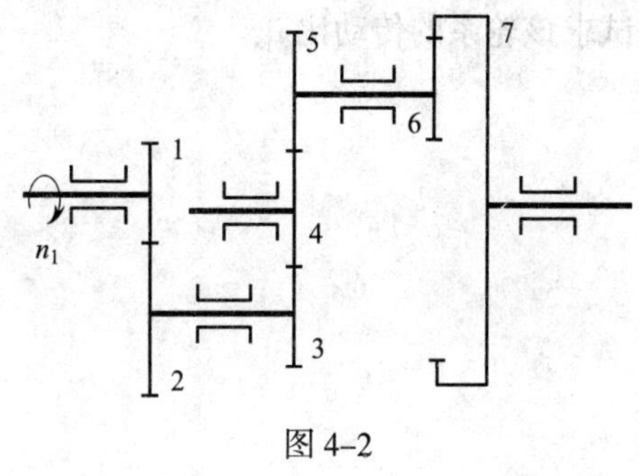

图 4–2

3. 在图 4–3 所示的定轴轮系中，已知 n_1=720 r/min，各齿轮的齿数分别为：z_1=20，z_2=30，z_3=15，z_4=45，z_5=15，z_6=30，蜗杆 z_7=2，蜗轮 z_8=50。试求：

（1）该轮系的传动比 i_{18} 是多少？

（2）蜗轮 8 的转速 n_8 是多少？

（3）用箭头在图中标出各齿轮的转动方向。

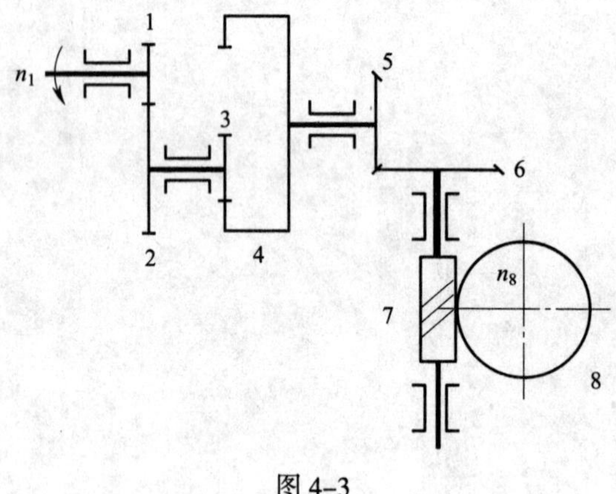

图 4–3

4. 在图 4–4 所示的定轴轮系中，已知蜗杆 1 的旋向和转向，试用箭头在图上标出其余各轮的转向；若各轮齿数分别为：z_1=2，z_2=40，z_3=20，z_4=60，z_5=25，z_6=50，z_7=30，z_8=45，试求该轮系的传动比 i_{18}。

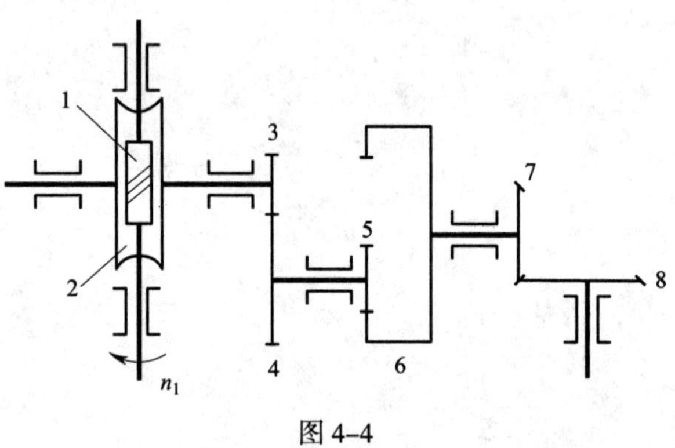

图 4–4

5．在图 4–5 所示的定轴轮系中，已知各轮齿数和 n_1 转向。试求：

（1）在图上用箭头标出各齿轮转向和螺母的移动方向。

（2）当输入轴转一周时，螺母的移动距离为多少？

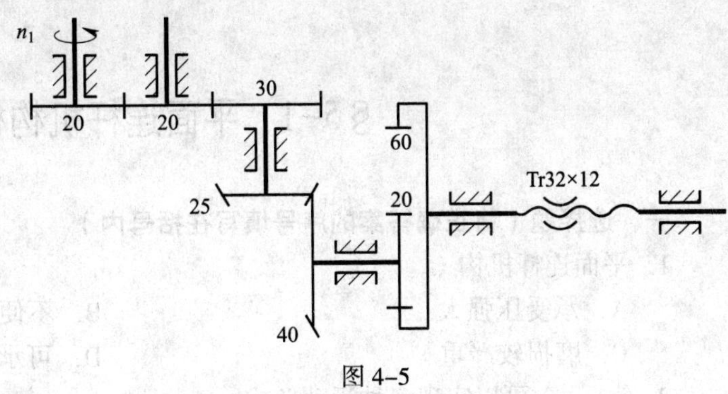

图 4–5

6．在图 4–6 所示的定轴轮系中，已知各轮齿数和 n_1 转向，末端齿轮的模数为 3 mm。试求：

（1）齿条每分钟向左移动距离 $L_{左}$。

（2）齿条每分钟向右移动距离 $L_{右}$。

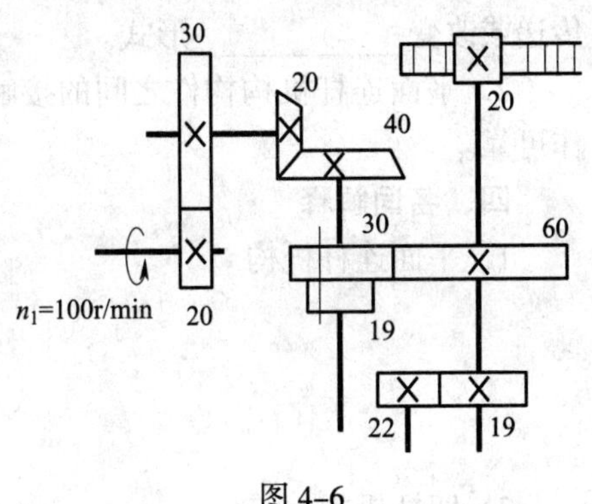

图 4–6

第五章　平面连杆机构

§5-1　平面连杆机构概述

一、选择题（将正确答案的序号填写在括号内）

1．平面连杆机构（　　）。

A．承受压强大　　　　B．不便于润滑

C．磨损较严重　　　　D．可承受较大载荷

2.（　　）可以实现多种运动形式。

A．齿轮传动　　　　B．带传动

C．链传动　　　　D．平面连杆机构

二、判断题（正确的打“√”；错误的打“×”）

1．平面连杆机构是高副连接。（　　）

2．平面连杆机构可使从动件实现多种形式的运动。（　　）

3．平面连杆机构不适用于高速运动的场合。（　　）

4．平面连杆机构能够实现某些较为复杂的平面运动。（　　）

三、填空题（将正确答案填写在横线上）

1．平面连杆机构能够实现某些较为复杂的＿＿＿＿＿＿运动，广泛应用于＿＿＿＿＿＿的传递或改变＿＿＿＿＿＿形式。

2．平面连杆机构构件之间的接触是由构件本身的＿＿＿＿＿＿来保持的，因此构件工作可靠。

四、名词解释

1．平面连杆机构

2．四杆机构

3．铰链四杆机构

§5-2 铰链四杆机构的组成及分类

一、选择题（将正确答案的序号填写在括号内）

1. 在铰链四杆机构中，能绕铰链中心做整周旋转的连架杆为（　　）。

A．连杆　　B．摇杆　　C．曲柄

2. 如图 5-1 所示，惯性筛采用的是（　　）机构。

A．曲柄摇杆　　B．双摇杆　　C．双曲柄

3. 只能绕固定轴在一定角度（小于 180°）范围内摆动的连架杆称为（　　）。

A．曲柄　　B．摇杆　　C．连杆

4. 在铰链四杆机构中，不与机架直接连接的杆件称为（　　）。

A．摇杆　　B．连架杆　　C．连杆

5. 构件间以四个转动副相连的平面四杆机构称为（　　）。

A．四杆机构　　B．平面连杆机构　　C．铰链四杆机构

6. 如图 5-2 所示，汽车玻璃窗刮水器采用的是（　　）机构。

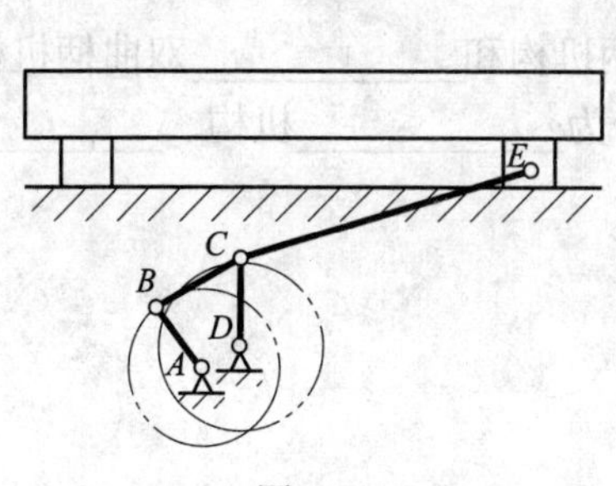

图 5-1

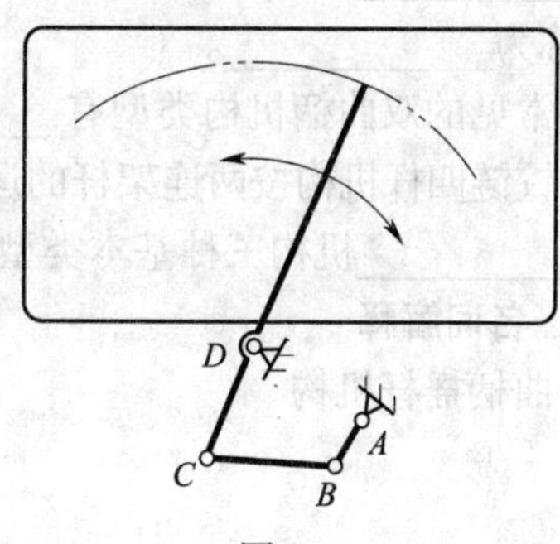
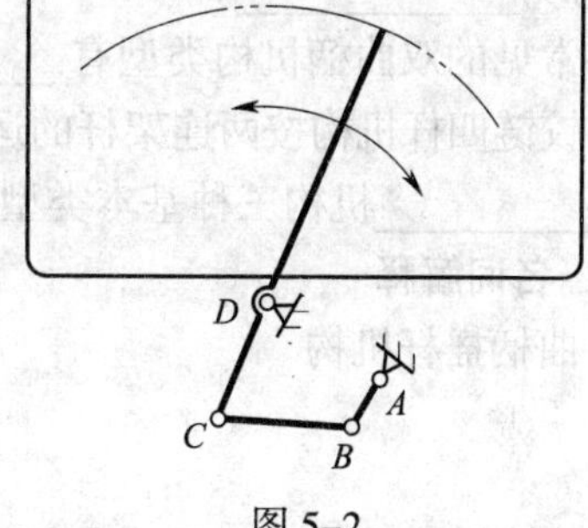

图 5-2

A．双曲柄　　B．曲柄摇杆　　C．双摇杆

7. 平行双曲柄机构中的两曲柄（　　）。

A．长度相等，旋转方向相同

B．长度不等，旋转方向相同

C．长度相等，旋转方向相反

8. 如图 5-3 所示，飞机起落架机构采用的是（　　）机构。

A．双摇杆

B．曲柄摇杆

C．双曲柄

9. 如图 5-4 所示，天平采用的是（　　）机构。

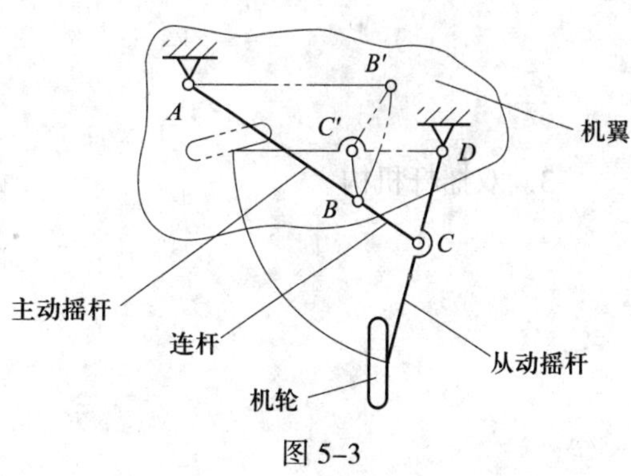

图 5-3

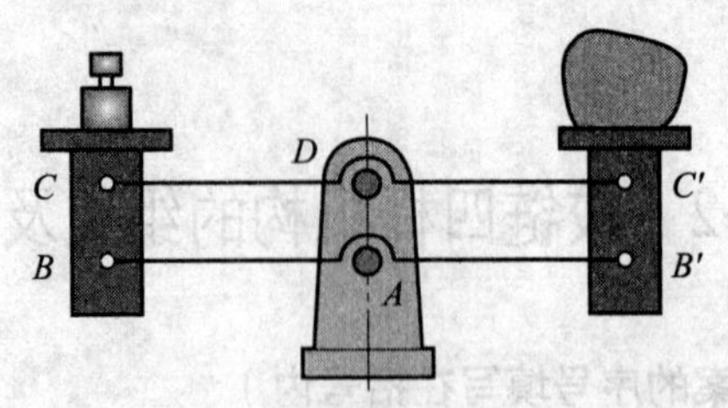

图 5-4

A．双摇杆　　　　　　　　B．平行双曲柄　　　　　　　　C．反向双曲柄

二、判断题（正确的打“√”；错误的打“×”）

1．在双摇杆机构中，两摇杆都可以分别作为主动杆。　（　　）

2．在铰链四杆机构中，其中有一杆必为连杆。　（　　）

3．在铰链四杆机构中，能绕铰链中心做整周旋转的杆件是摇杆。　（　　）

4．双曲柄机构中的两个曲柄长度必须相等。　（　　）

5．常把曲柄摇杆机构中的曲柄和连杆称为连架杆。　（　　）

三、填空题（将正确答案填写在横线上）

1．在铰链四杆机构中，固定不动的构件称为________，不与机架直接相连的构件称为________，与机架相连的构件称为________，能绕固定轴做整周旋转运动的连架杆称为________。

2．常见的双曲柄机构类型有________双曲柄机构和________双曲柄机构等。

3．铰链四杆机构按两连架杆的运动形式不同，分为________机构、________机构和________机构三种基本类型。

四、名词解释

1．曲柄摇杆机构

2．双曲柄机构

3．双摇杆机构

五、应用题

试举出生产实践和日常生活中铰链四杆机构的应用实例。

§5–3 铰链四杆机构的演化

一、选择题（将正确答案的序号填写在括号内）

1. 曲柄滑块机构中，若机构存在死点位置，则主动件为（ ）。

   A．连杆 B．曲柄 C．滑块

2. 如图 5–5 所示，牛头刨床刨刀的左右切削运动是由（ ）机构实现。

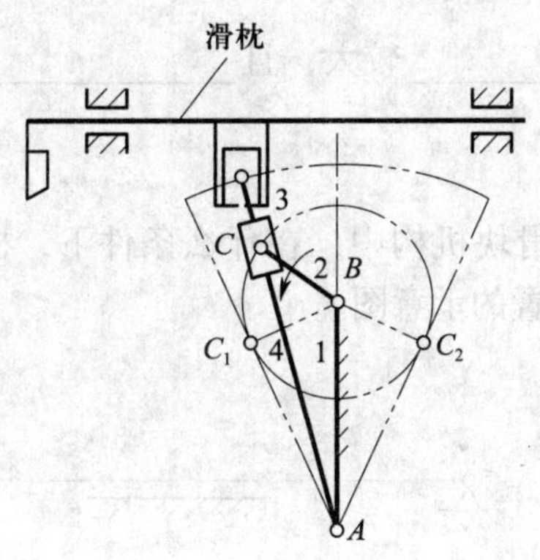

图 5–5

   A．曲柄摇杆 B．摆动导杆 C．双曲柄

3. 如图 5–6 所示，吊车升降机构为（ ）机构的应用实例。

   A．摆动导杆 B．固定滑块 C．曲柄摇块

4. 如图 5–7 所示，冲压机采用的是（ ）机构。

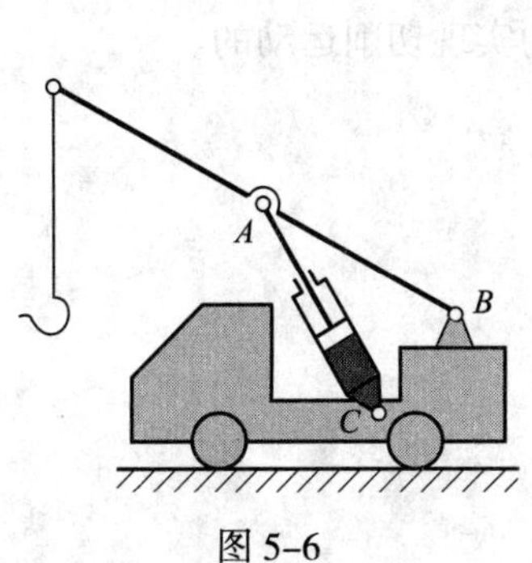

图 5–6

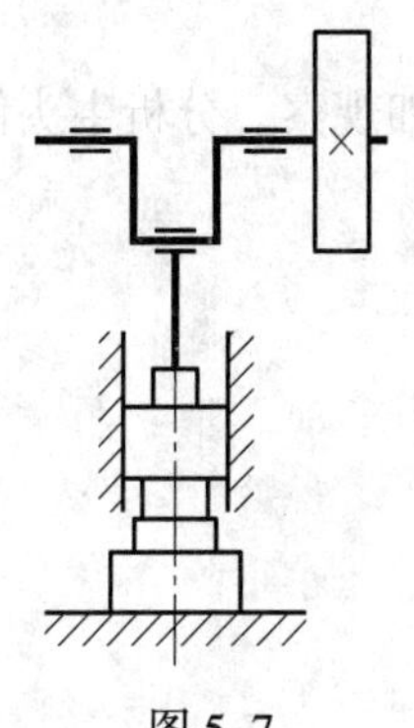

图 5–7

A．移动导杆　　　　B．曲柄滑块　　　　C．摆动导杆

5．在曲柄滑块机构的应用中，往往用一个偏心轮代替（　　）。

A．滑块　　　　　　B．机架　　　　　　C．曲柄

二、判断题（正确的打“√”；错误的打“×”）

1．曲柄滑块机构常用于内燃机中。（　　）

2．将曲柄滑块机构中的滑块改为固定件，则原机构将演化为摆动导杆机构。（　　）

3．曲柄滑块机构是由曲柄摇杆机构演化而来的。（　　）

三、填空题（将正确答案填写在横线上）

1．在曲柄滑块机构中，若以曲柄为主动件，则可以把曲柄的__________运动转换成滑块的__________运动。

2．在图 5–8 所示的曲柄滑块机构中，若曲柄长为 20 mm，则滑块的行程 H=__________。

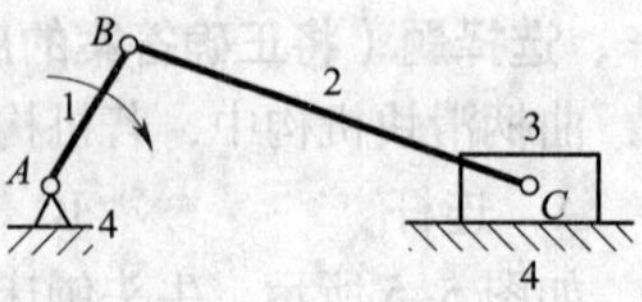

3．曲柄滑块机构是具有一个__________和一个__________的平面四杆机构，是由__________演化而来的。

图 5–8

4．偏心轮机构用于__________较大，且__________较小的剪床、冲床、颚式破碎机等机械中。

四、综合题

1．在图 5–9 所示的曲柄滑块机构中，在什么条件下，机构会产生死点位置，在 b、c 两图中按图示尺寸画出死点位置的示意图。

a)　　　　b)　　　　c)

图 5–9

2．请仔细观察、分析牛头刨床是由哪些机构实现切削运动的。

§5-4　平面四杆机构的基本性质及应用特点

一、选择题（将正确答案的序号填写在括号内）

1．在铰链四杆机构中，如果曲柄存在，则该机构（　　）长度之和小于或等于其余两杆件的长度之和。

A．最短杆与最长杆　　B．相邻两杆

C．不相邻两杆

2．不等长双曲柄机构中，（　　）长度最短。

A．曲柄　　B．连杆　　C．机架

3．在曲柄摇杆机构中，曲柄做等速转动时，摇杆摆动时空回行程的平均速度大于工作行程的平均速度，这种现象（　　）。

A．是偶尔发生的　　B．称为机构的运动不确定性

C．称为机构的急回特性

4．在曲柄摇杆机构中，曲柄的长度（　　）。

A．最短　　B．最长

C．介于最短与最长之间

5．在曲柄摇杆机构中，以（　　）为主动件，连杆与（　　）处于共线位置时，该位置称为死点位置。

A．曲柄　　B．摇杆　　C．机架

6．行程速比系数 K 与极位夹角 β 的关系为：K=（　　）。

A．$\dfrac{180^\circ+\beta}{180^\circ-\beta}$　　B．$\dfrac{180^\circ-\beta}{180^\circ+\beta}$　　C．$\dfrac{\beta+180^\circ}{\beta-180^\circ}$

7．在下列铰链四杆机构中，若以 BC 杆件为机架，则能形成双摇杆机构的是（　　）。

（1）AB=70 mm，BC=60 mm，CD=80 mm，AD=95 mm；

（2）AB=80 mm，BC=85 mm，CD=70 mm，AD=55 mm；

（3）AB=70 mm，BC=60 mm，CD=80 mm，AD=85 mm；

（4）AB=70 mm，BC=85 mm，CD=80 mm，AD=60 mm。

A．（1）（2）（4）　　B．（2）（3）（4）　　C．（1）（2）（3）

8．当急回运动行程速比系数（　　）时，曲柄摇杆机构才有急回运动。

A．K=0　　B．K=1　　C．K>1

9．当曲柄摇杆机构出现死点位置时，可在从动曲柄上（　　），使其顺利通过死点位置。

A．加设飞轮　　B．减小阻力　　C．加大主动力

10．在如图 5-10 所示铰链四杆机构中，若以 AD 杆件为机架，AD=20 mm，CD=40 mm，BC=30 mm，则 AB 杆件长度为（　　）可获得双曲柄机构。

图 5-10

A．$AB<20$　　　　B．$AB>50$

C．$30 \leqslant AB \leqslant 50$

11．在曲柄摇杆机构中，若以摇杆为主动件，则在死点位置时曲柄的瞬时运动方向是(　　)。

A．按原运动方向　　　　B．按原运动的反方向

C．无法确定的

二、判断题（正确的打“√”；错误的打“×”）

1．在铰链四杆机构中，最短杆就是曲柄。(　　)

2．在铰链四杆机构的三种基本形式中，最长杆件与最短杆件的长度之和必定小于其余两杆件长度之和。(　　)

3．在曲柄摇杆机构中，极位夹角 β 越大，机构的行程速比系数 K 值越大。(　　)

4．在实际生产中，机构的死点位置对工作都是有害无益的。(　　)

5．行程速比系数 $K=1$ 时，表示该机构具有急回特性。(　　)

6．双曲柄机构中存在死点位置。(　　)

7．在实际生产中，常利用急回特性来缩短工作时间，提高生产效率。(　　)

8．当最长杆件与最短杆件长度之和小于或等于其余两杆件长度之和，且连架杆与机架中有一杆为最短杆件，则一定为双摇杆机构。(　　)

9．牛头刨床退刀速度大于其工作速度，就是利用了四杆机构其死点位置的基本原理。(　　)

三、填空题（将正确答案填写在横线上）

1．铰链四杆机构中是否存在曲柄，主要取决于机构中各杆件的__________和__________的选择。

2．利用铰链四杆机构的急回特性设计的机构，可以节省__________，提高__________。

3．如图 5–11 所示，在铰链四杆机构中，各杆件尺寸分别为：$AB=450$ mm，$BC=400$ mm，$CD=300$ mm，$AD=200$ mm。若以__________杆件为机架，则为曲柄摇杆机构；若以 BC 杆件为机架，则为__________机构；若以 AD 杆件为机架，则为__________机构。

图 5–11

4．当以曲柄摇杆机构的摇杆作为主动件时存在__________个死点位置。在死点位置时，该机构中__________和__________处于共线状态。

5．通常可以利用__________来保证机构顺利通过死点。

四、名词解释

死点位置

五、综合题

1．根据图 5-12 中标注的尺寸，判断各铰链四杆机构的基本类型。

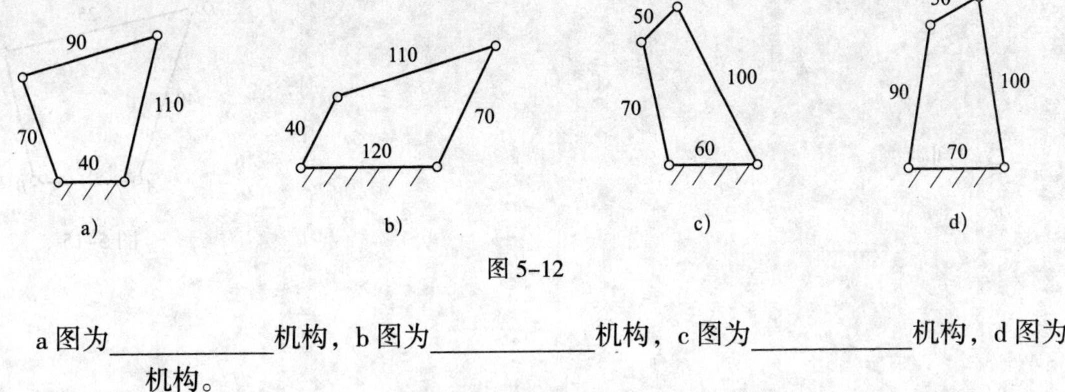

图 5-12

a 图为____________机构，b 图为____________机构，c 图为____________机构，d 图为____________机构。

2．试用作图法画出图 5-13 所示曲柄摇杆机构中的极位夹角和摇杆的极限位置（死点位置）。

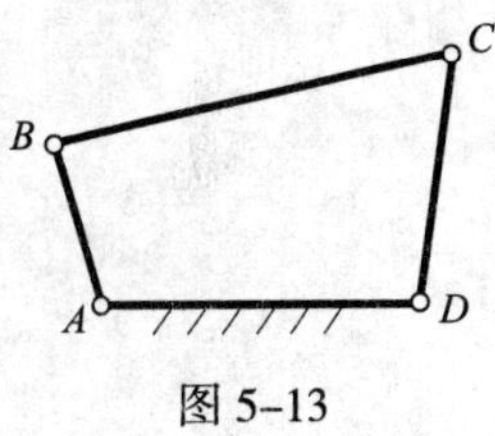

图 5-13

3．如图 5-14 所示，AB=30 mm，CD=20 mm，AD=50 mm。若此机构为曲柄摇杆机构，求 BC 的长度范围。

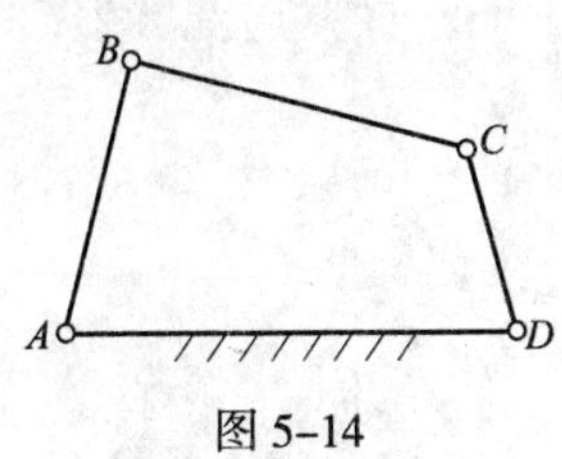

图 5-14

4．如图 5–15 所示，若使该铰链四杆机构成为双曲柄机构，则杆件 BC 的尺寸范围应为多少？

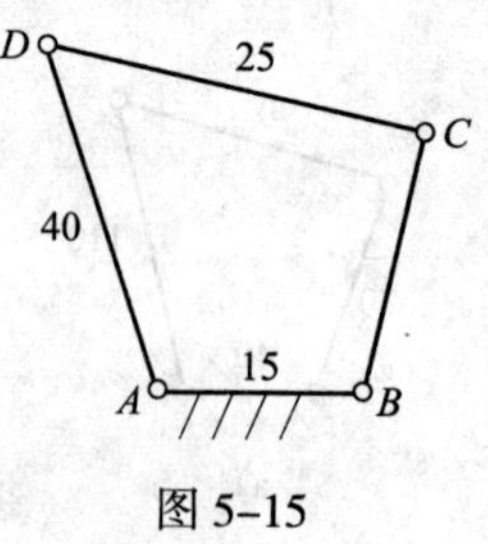

图 5–15

5．准备硬纸板、图钉，用硬纸板制作成四根长度为 45 mm、100 mm、70 mm、120 mm 的杆件，顺次连接。试着变换固定件，看看能获得几种类型的铰链四杆机构。

第六章 凸轮机构

§6-1 凸轮机构概述

一、选择题（将正确答案的序号填写在括号内）

1. 凸轮机构中主动件通常做（　　）。

A. 等速转动或移动　　B. 变速运动

C. 变速移动

2. 凸轮与从动件接触处的运动副属于（　　）。

A. 转动副　　B. 高副　　C. 移动副

3. 如图 6-1 所示，自动车床进给机构采用了（　　）。

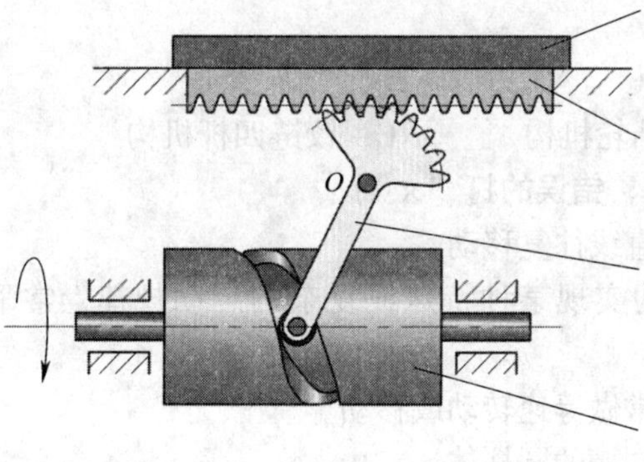

图 6-1

A. 曲柄滑块机构　B. 铰链四杆机构　C. 凸轮机构

二、判断题（正确的打“√”；错误的打“×”）

1. 在凸轮机构中，凸轮作为主动件。（　　）

2. 凸轮机构广泛应用于机械自动控制机构。（　　）

3. 凸轮机构只能实现比较简单的运动要求。（　　）

4. 凸轮机构可以传递较大的动力。（　　）

三、填空题（将正确答案填写在横线上）

1. 凸轮机构主要由________、________和________三个基本构件组成。

2. 在凸轮机构中，凸轮通常为________件，并做等速________或________。

3. 凸轮机构工作时，凸轮轮廓与从动件之间必须始终________，否则凸轮机构就不能正常工作。

4. 凸轮与从动件之间以点或线接触，不宜传递________，不便于________，易________。

§6-2 凸轮机构的类型

一、选择题（将正确答案的序号填写在括号内）

1. 在凸轮机构中，从动件端部形状最简单的是（　　）。

A．平底从动件　　B．滚子从动件　　C．尖顶从动件

2. 盘形凸轮机构的主动件做（　　）运动。

A．往复摆动　　B．往复移动　　C．旋转运动

3. 在凸轮机构中，常用于高速传动的从动件是（　　）。

A．滚子从动件　　B．平底从动件　　C．尖顶从动件

4.（　　）是凸轮最基本的形式。

A．盘形凸轮　　B．移动凸轮　　C．圆柱凸轮

5. 有关凸轮机构的论述，正确的是（　　）。

A．凸轮机构不能用于高速传动　　B．凸轮机构的从动件只能做直线移动

C．凸轮机构是高副机构

6. 内燃机的配气机构采用了（　　）。

A．齿轮机构　　B．凸轮机构　　C．铰链四杆机构

二、判断题（正确的打"√"；错误的打"×"）

1. 移动凸轮做相对于机架的直线往复移动。（　　）

2. 在一些机器中，要求机构实现某种特殊或复杂的运动规律，常采用凸轮机构来实现。（　　）

3. 在凸轮机构中，主动件通常做等速转动或移动。（　　）

4. 端面圆柱凸轮是一端带有沟槽的圆柱体。（　　）

三、填空题（将正确答案填写在横线上）

1. 盘形凸轮为__________尺寸变化的盘形构件，它绕固定轴做__________运动。

2. 在凸轮机构中，按凸轮形状分类，凸轮可分为__________凸轮、__________凸轮、__________凸轮和__________凸轮四类。

3. 在凸轮机构中，从动件端部形状主要有__________、__________、__________和__________等。

§6-3 凸轮机构工作过程及从动件运动规律

一、选择题（将正确答案的序号填写在括号内）

1. 从动件的运动规律决定了凸轮的（　　）。

A．轮廓形状　　B．转速　　C．大小

2. 做等速运动规律的从动件，其位移曲线形状是（　　）。

A．抛物线　　　　　B．斜直线　　　　　C．双曲线

3．等加速、等减速运动的凸轮机构（　　）。

A．存在刚性冲击　　　　　　　　　B．避免了刚性冲击

C．没有冲击

4．做等速运动规律的凸轮机构一般适用于凸轮做（　　）回转、轻载的场合。

A．低速　　　　　　B．中速　　　　　　C．高速

5．做等加速、等减速运动规律的从动件，其位移曲线形状是（　　）。

A．斜直线　　　　　B．抛物线　　　　　C．双曲线

二、判断题（正确的打“√”；错误的打“×”）

1．在凸轮机构中，所谓从动件做等速运动规律是指从动件上升时的速度和下降时的速度必定相等。（　　）

2．在凸轮机构中，从动件做等速运动规律的原因是凸轮做等速转动。（　　）

3．在凸轮机构中，所谓从动件做等加速、等减速运动规律，是指从动件在上升做等加速运动，而下降则做等减速运动。（　　）

三、填空题（将正确答案填写在横线上）

1．在凸轮机构中，从动件常用的运动规律有__________运动规律和__________运动规律。

2．从动件的运动规律决定凸轮的__________。

3．凸轮机构最常用的运动形式为凸轮做__________运动，从动件做__________。

四、名词解释

1．从动件的行程

2．从动件的回程

五、综合题

一凸轮机构，其凸轮转角为0° ~ 90°时，从动件等速上升，行程为25 mm；转角为90° ~ 270°时，从动件等速下降至原位；转角为270° ~ 360°时，从动件停止。试画出从动件的位移曲线。

§6-4　凸轮机构的常用材料及结构

一、选择题（将正确答案的序号填写在括号内）

1．速度较低、载荷不大的一般场合，凸轮材料和热处理宜采用（　　）。

A．45 钢调质　　B．45 钢表面淬火

C．20Cr 渗碳后淬火　　D．38CrMoAl 氮化

2．与钢制凸轮相配的滚子从动件材料和热处理宜采用（　　）。

A．40Cr 表面淬火　　B．45 钢表面淬火

C．HT200 退火　　D．20CrMnTi 渗碳后淬火

3．当凸轮的基圆较小时，可将凸轮制成（　　）。

A．凸轮轴　　B．整体式凸轮　　C．组合式凸轮

二、判断题（正确的打"√"；错误的打"×"）

1．速度较高、载荷较大的场合，凸轮宜采用 QT600-3，并进行表面淬火。（　　）

2．速度中等、载荷中等的场合，凸轮宜采用 20Cr，并进行渗碳后淬火。（　　）

3．大型低速凸轮机构的凸轮常采用整体式凸轮。（　　）

三、填空题（将正确答案填写在横线上）

1．凸轮机构主要的失效形式是＿＿＿＿＿＿和＿＿＿＿＿＿。

2．凸轮副材料应具有足够的＿＿＿＿＿＿和良好的＿＿＿＿＿＿，特别是其接触表面应具有较高的硬度。

3．凸轮的结构形式主要有＿＿＿＿＿＿、＿＿＿＿＿＿＿＿＿和＿＿＿＿＿＿＿＿＿三种。

4．滚子从动件的滚子，可以是专门制造的＿＿＿＿＿＿，也可以采用＿＿＿＿＿＿作为滚子。

第七章　其他常见机构

§7-1　变速机构

一、选择题（将正确答案的序号填写在括号内）

1.（　　）变速机构在机床主轴变速箱中得到广泛应用。

A．滑移齿轮　　B．塔带轮　　C．离合式齿轮

2．用于车床车削螺纹时的丝杠变速机构是（　　）变速机构。

A．离合式齿轮　　B．挂轮　　C．滑移齿轮

3.（　　）变速机构变速麻烦，调整齿轮费时费力。

A．滑移齿轮　　B．离合式齿轮　　C．挂轮

二、判断题（正确的打"√"；错误的打"×"）

1．滑移齿轮变速机构变速可靠，但传动比不准确。（　　）

2．无级变速机构有准确的传动比。（　　）

3．无级变速机构能使输出轴的转速在一定范围内进行无级变化。（　　）

4．无级变速机构和有级变速机构都具有变速可靠、传动平稳的特点。（　　）

5．变速机构就是改变主动件转速，从而改变从动件转速的机构。（　　）

6．滚子平盘式无级变速机构依靠主动齿轮、从动齿轮的啮合来传递动力。（　　）

7．分离锥轮式无级变速机构工作时如同V带传动。（　　）

三、填空题（将正确答案填写在横线上）

1．变速机构分为________机构和________机构。

2．有级变速机构是在________不变的条件下，使输出轴获得一定的________。

3．有级变速机构常用的类型有________变速机构、________变速机构、________变速机构和________变速机构。

4．有级变速机构可以实现在一定转速范围内的________变速，具有变速________、传动比________和结构紧凑等优点。

5．滚子平盘式无级变速机构是依靠接触处产生的________来传递转矩。

6．机械式无级变速机构常用的类型有________无级变速机构和________无级变速机构。

7．有些机械为了适应工作条件的变化，需要连续地改变工作速度，这就需要________变速机构。

四、名词解释

1．变速机构

2．有级变速机构

五、问答题

1．滑移齿轮变速机构有哪些特点？

2．挂轮变速机构有哪些优缺点？

3．无级变速机构有哪些优缺点？

六、应用题

在生产实习时，观察车床、铣床等设备，并分析其采用了哪种变速机构。

§7–2 换向机构

一、选择题（将正确答案的序号填写在括号内）

1．卧式车床进给系统采用的是（　　）换向机构。

A．三星轮　　　　B．离合器锥齿轮

C．滑移齿轮

2．三星轮换向机构是利用（　　）来实现从动轴回转方向的改变。

A．挂轮　　　B．滑移齿轮　　　C．惰轮

二、判断题（正确的打“√”；错误的打“×”）

1．三星轮换向机构是利用挂轮来实现从动轴回转方向的变换。（　）

2．滑移锥齿轮换向机构是通过滑移离合器来实现输出轴的换向。（　）

三、填空题（将正确答案填写在横线上）

1．换向机构常见的类型有＿＿＿＿换向机构和＿＿＿＿＿换向机构等。

2．锥齿轮换向机构有＿＿＿＿锥齿轮换向机构和＿＿＿＿锥齿轮换向机构两种形式。

四、名词解释

换向机构

§7-3　间歇运动机构

一、选择题（将正确答案的序号填写在括号内）

1．自行车后轴上的飞轮实际上就是一个（　）机构。

A．内啮合齿式棘轮　　　B．槽轮

C．外啮合齿式棘轮

2．双动式棘轮机构有（　）个驱动棘爪。

A．1　　　B．2　　　C．4

3．可变向棘轮机构有（　）个驱动棘爪。

A．1　　　B．2　　　C．4

4．在双圆销外槽轮机构中，曲柄每旋转一周，槽轮运动（　）次。

A．1　　　B．2　　　C．4

5．在双圆销外槽轮机构中，曲柄每旋转一周，槽轮转过（　）。

A．90°　　　B．180°　　　C．45°

6．齿式棘轮机构的特点是（　）。

A．结构复杂，不容易制造　　　B．运动可靠

C．无噪声

二、判断题（正确的打“√”；错误的打“×”）

1．双动式棘轮机构有两个棘爪，分别是驱动棘爪和止动棘爪。（　）

2．单动式棘轮机构的棘轮只能朝着一个方向转动。（　）

3．双动式棘轮机构可使棘轮朝着两个方向转动。（　）

4．齿式棘轮机构可以用于主动件速度较大的场合。（　）

5．在槽轮机构中，槽轮是主动件。（　）

6．棘轮机构可以实现间歇运动。（　）

7．槽轮机构可以方便地调节槽轮转角的大小。（　）

8．槽轮机构可以用于高速场合。（　）

9．在棘轮机构中，可以通过改变棘爪的运动范围来调节棘轮的转角。（　　）

10．当需要无级调节棘轮的转角时，应采用摩擦式棘轮机构。（　　）

11．摩擦式棘轮机构的传动精度不高。（　　）

12．齿式棘轮机构的转角不能调节，摩擦式棘轮机构的转角可以调节。（　　）

三、填空题（将正确答案填写在横线上）

1．间歇运动机构的常见类型有__________机构和__________机构等。

2．棘轮机构按照工作原理可分为__________棘轮机构和__________棘轮机构；按照结构特点可分为__________式棘轮机构和__________式棘轮机构。

3．双动式棘轮机构有__________个驱动棘爪，当主动件做往复摆动时，两个棘爪交替带动棘轮朝着______________做__________运动。

4．槽轮机构主要由______________、______________、__________和机架组成。

5．槽轮机构主要有____________外槽轮机构、____________外槽轮机构和__________槽轮机构等。

6．内啮合槽轮机构的槽轮与主动拨盘的转向__________。

7．__________棘轮机构可以方便地实现两个方向的间歇运动。

8．摩擦式棘轮机构分为__________摩擦式棘轮机构和__________摩擦式棘轮机构。

9．常用的调节棘轮转角的方法主要有______________的运动范围和用__________两种方法。

四、名词解释

间歇运动机构

五、问答题

1．结合图 7–1 简述内啮合齿式棘轮机构的工作原理。

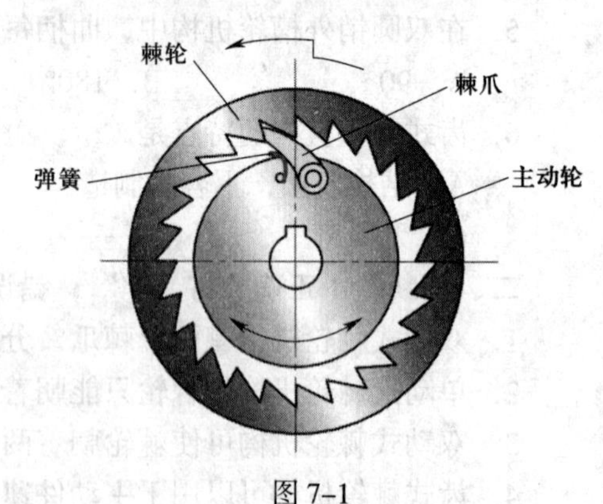

图 7–1

2．结合图 7–2 简述槽轮机构的工作原理。

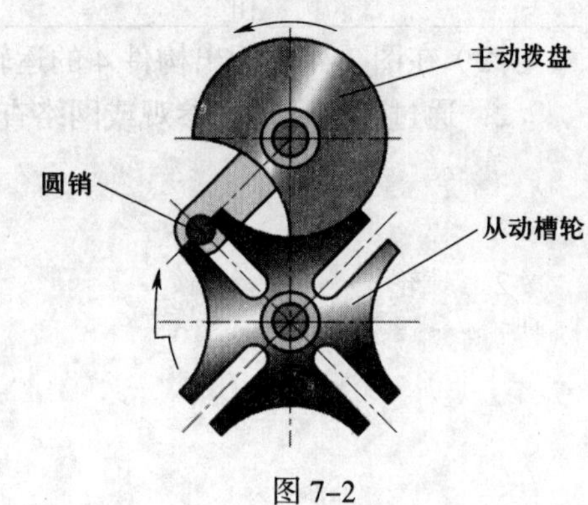

图 7–2

3．结合图 7–3 简述用覆盖罩调节棘轮转角的原理。

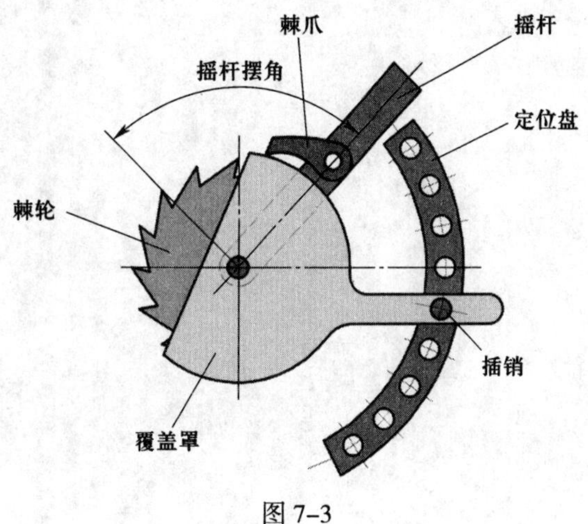

图 7–3

六、综合题

1．分析图 7–4 所示的棘轮机构，完成下列各题。

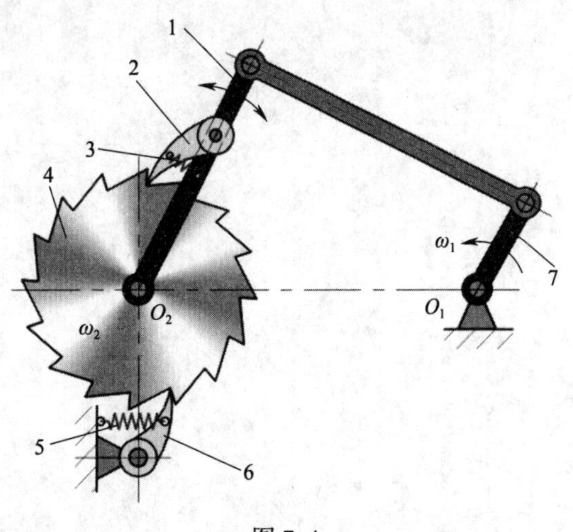

图 7–4

（1）如图 7–4 所示，构件 2、6 的名称分别是__________和__________，其作用分别为__________________和__________________。

（2）在图 7–4 中标出构件 4 的运转方向。

2．通过到实习现场参观或网络查询，了解棘轮机构和槽轮机构的应用，并举例说明。

第八章　键、销及过盈配合连接

§8-1　键　连　接

一、选择题（将正确答案的序号填写在括号内）

1. 在键连接中，（　　）的工作面是两个侧面。

A. 普通型平键　　B. 切向键　　C. 楔键

2. 如图 8-1 所示的普通型平键为（　　）。

A. A 型　　B. B 型　　C. C 型

图 8-1

3. 某普通型平键的标记为：GB/T 1096　键　12×8×80。其中“8”表示（　　）。

A. 键高　　B. 键宽　　C. 键长

4.（　　）普通型平键多用在轴的端部。

A. A 型　　B. B 型　　C. C 型

5. 根据（　　）的不同，普通型平键分为 A 型、B 型、C 型三种。

A. 截面形状　　B. 尺寸大小　　C. 端部形状

6. 在普通型平键的三种形式中，（　　）平键在键槽中不会发生轴向移动，所以应用最广。

A. 圆头　　B. 平头　　C. 单圆头

7. 在大型绞车卷筒的键连接中，通常采用（　　）。

A. 普通型平键　　B. 切向键　　C. 楔键

8. 键连接主要用于传递（　　）的场合。

A. 拉力　　B. 横向力　　C. 转矩

9. 在键连接中，对中性不好的是（　　）。

A. 切向键　　B. 半圆键　　C. 平键

10. 普通型平键连接主要应用在轴与轮毂之间（　　）的场合。

A. 沿轴向固定并传递轴向力　　B. 沿周向固定并传递转矩

C. 可以相对滑动

11.（　　）花键形状简单、加工方便，应用较为广泛。

A. 矩形　　B. 渐开线　　C. 三角形

12. 在键连接中，楔键（　　）轴向力。

A. 只能承受单方向　　B. 能承受双方向

C. 不能承受

13. 导向型平键连接的键与轮毂槽采用（　　）配合。

A. 间隙　　B. 过盈　　C. 过渡

二、判断题（正确的打“√”；错误的打“×”）

1．普通型平键、楔键、半圆键都是以其两侧面为工作面。（　）

2．键连接具有结构简单、工作可靠、装拆方便和标准化等特点。（　）

3．键连接属于不可拆连接。（　）

4．不会产生轴向移动，应用最为广泛的普通型平键是 A 型键。（　）

5．平键连接采用基孔制配合。（　）

6．普通 C 型平键一般用于轴端。（　）

7．滑键固定在轮毂上，轮毂带动滑键在轴上的键槽中做轴向滑移。（　）

8．半圆键对中性较好，常用于轴端为锥形表面的连接中。（　）

9．在平键连接中，键的上表面与轮毂上的键槽底面应紧密配合。（　）

10．国家标准规定，键是标准件。（　）

11．花键多齿承载，承载能力高且齿浅，对轴的强度削弱小。（　）

12．导向型平键常用于轴上零件移动量不大的场合。（　）

13．导向型平键就是普通型平键。（　）

14．楔键的两侧面为工作面。（　）

15．切向键多用于传递转矩大、对中性要求不高的场合。（　）

三、填空题（将正确答案填写在横线上）

1．键连接主要是用来实现轴与轴上零件之间的__________，并传递________和________。

2．平键连接根据用途不同，分为__________、__________和________等。

3．平键连接按键宽与槽宽配合的松紧程度不同，分为________连接、________连接和________连接三种。

4．普通型平键按键的端部形状不同可分为________、________和________三种形式。

5．平键连接的特点是依靠平键的两侧面传递________，因此键的________是工作面，对中性________。

6．滑键的________为工作面，靠________传递动力。

7．“GB/T1096　键　16×10×100”的含意：该键为________型普通型平键，16 表示________，10 表示________，100 表示________，GB/T 1096 表示________。

8．普通型平键的紧密连接用于传递________载荷、________载荷及双向传递转矩的场合。

9．在平键连接中，当轮毂需要在轴上沿轴向移动时可采用________平键。

10．半圆键工作面是键的________，它可在轴上键槽中________以适应轮毂上键槽斜度。

11．花键连接多用于________和要求________的场合，尤其适用于经常________的连接。

四、应用题

1．解释普通型平键的标记：GB/T 1096　键　C20×12×125。

2．根据图 8–2 回答下列问题。

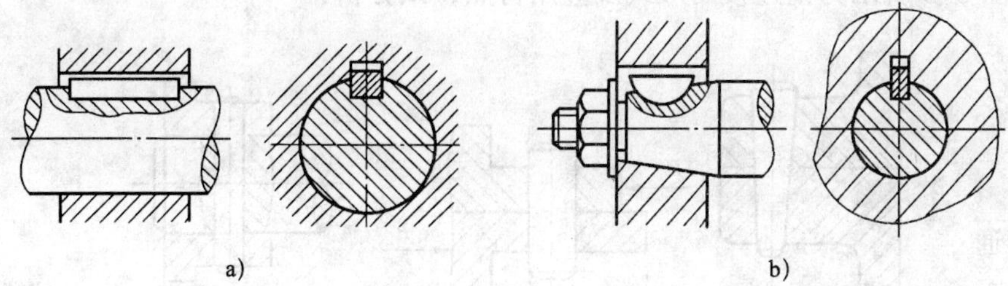

图 8–2

（1）图 a 采用__________键连接，此键具有__________、__________、__________三种型号，其中__________应用最广。

（2）两图中键的工作面为__________，因而具有良好的__________。

（3）图 b 是__________键连接。键可在轴上的键槽中绕槽底圆弧__________，可用于__________轴与轮毂的连接，只适用于__________载连接。

§8–2　销　连　接

一、选择题（将正确答案的序号填写在括号内）

1．圆柱销 GB/T 119.2—2000 的直径公差为（　　）。

A．m7　　B．m6　　C．h8

2．圆锥销上，圆锥面的锥度为（　　）。

A．50∶1　　B．1∶50　　C．1∶100

3．（　　）适用于有冲击、振动的场合。

A．开尾圆锥销　　B．内螺纹圆锥销　　C．内螺纹圆柱销

4．可用于盲孔定位的是（　　）。

A．圆柱销　　B．圆锥销　　C．螺尾锥销

5．下列连接中属于不可拆连接的是（　　）。

A．焊接　　B．销连接　　C．螺纹连接

二、判断题（正确的打"√"；错误的打"×"）

1．销可用来传递动力或转矩。（　　）

2．销的材料常用 35 钢或 45 钢。（　　）

3．圆锥销不能用于经常拆卸的场合。（　　）

4．圆柱销和圆锥销都是标准件。（　　）

三、填空题（将正确答案填写在横线上）

1．销连接主要用于__________，也可用于__________的连接，还可以作为安全装置中的__________零件。

2．销的基本类型有__________和__________两种，它们均有__________和__________两种形式。

四、应用题

1．如图 8–3 所示为销连接的形式及应用特点，试分析：

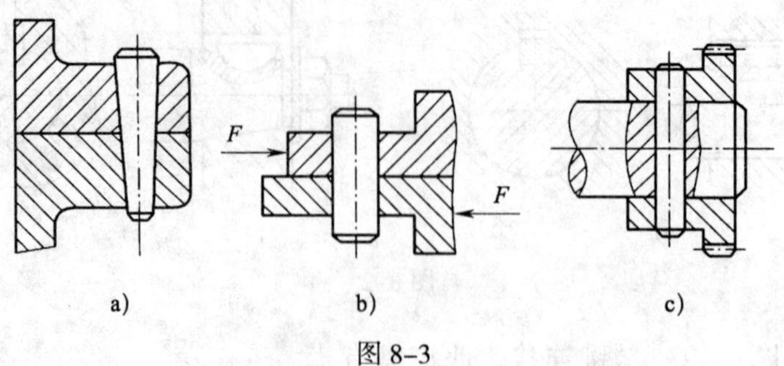

图 8–3

（1）由图可知销连接的主要形式有__________和__________两种。

（2）如图 8–3 所示，各图中销的作用分别为：a__________；b__________；c__________。

2．试列举出在生产实践和日常生活中销连接的应用实例。

§8–3　过盈配合连接

一、选择题（将正确答案的序号填写在括号内）

1．过盈配合连接是使相互配合的轴的直径（　　）孔的直径。

A．稍小于　　B．稍大于　　C．等于

2．采用液压装拆的圆锥面过盈连接，其配合面锥度通常为（　　）。

A．1∶50 ~ 1∶30　　B．1∶30 ~ 1∶8

C．1∶50 ~ 1∶8

3．采用液压套合法的过盈连接多用于（　　）的场合。

A．过盈量较小　　B．承载较大且不需装拆

C．承载较大且需多次装拆

二、判断题（正确的打“√”；错误的打“×”）

1．过盈配合连接是依靠轴与孔之间的压力传递转矩、轴向力或者两者都有的复合载荷。（　　）

2．圆柱面过盈连接装拆不便，不宜用于经常装拆的场合。（　　）

3．圆锥面过盈连接可用于多次装拆的场合。（　　）

三、填空题（将正确答案填写在横线上）

1．过盈连接可分为__________过盈连接和__________过盈连接两种。

2．过盈配合的装配方法主要有__________、__________、__________

和____________________。

四、问答题

1. 过盈配合连接有哪些特点？

2. 什么是液压套合法？

第九章 轴与轴承

§9-1 轴

一、选择题（将正确答案的序号填写在括号内）

1．自行车前轴是（　　）。

A．固定心轴　　B．转动心轴　　C．转轴

2．在机床设备中，最常用的轴是（　　）。

A．传动轴　　B．转轴　　C．曲轴

3．车床的主轴是（　　）。

A．传动轴　　B．心轴　　C．转轴

4．变速箱中的传动齿轮轴是（　　）。

A．转轴　　B．心轴　　C．传动轴

5．既支承回转零件，又传递动力的轴称为（　　）。

A．心轴　　B．转轴　　C．传动轴

6．固定可靠，装拆方便，常用于轴端零件的轴向固定的是（　　）。

A．圆螺母　　B．套筒　　C．轴肩与轴环

7．在轴上支承传动零件的部分称为（　　）。

A．轴颈　　B．轴头　　C．轴身

8．结构简单，定位可靠，能承受较大的轴向力，广泛应用于各种轴上零件的轴向固定的是（　　）。

A．紧定螺钉　　B．轴肩与轴环　　C．紧定螺钉与挡圈

9．轴的转速要求很高时不宜采用的轴向固定是（　　）。

A．轴肩与轴环　　B．轴端挡圈　　C．套筒

10．接触面积大，承载能力强，对中性和导向性都好的周向固定是（　　）。

A．紧定螺钉　　B．花键连接　　C．平键连接

11．加工容易，装拆方便，应用最广泛的周向固定是（　　）。

A．平键连接　　B．过盈配合　　C．花键连接

12．同时具有周向和轴向固定作用，但不宜用于重载和经常装拆的场合，其采用周向固定的方法是（　　）。

A．过盈配合　　B．花键连接　　C．销钉连接

13．对轴上零件周向固定的是（　　）。

A．轴肩与轴环　　B．平键连接　　C．圆螺母

14．为了便于加工，在车制螺纹的轴段上应有（　　），在需要磨削的轴段上应留出（　　）。

A．砂轮越程槽　　B．键槽　　C．螺纹退刀槽

15．（　　）用于轴上零件的轴向固定。

A．套筒　　B．平键连接　　C．花键连接

16．在阶梯轴中部装有一个齿轮，工作中承受较大的双向轴向力，对该齿轮应采用（　）的方法进行轴向固定。

A．紧定螺钉　　B．轴肩和轴端挡板

C．轴肩和圆螺母

17．在机器中，支承传动零件、传递运动和动力的最基本零件是（　　）。

A．箱体　　B．齿轮　　C．轴

18．对于不重要或受力较小的轴，常采用（　　）。

A．碳素结构钢　　B．优质碳素结构钢

C．合金结构钢

二、判断题（正确的打"√"；错误的打"×"）

1．曲轴常用于往复式运动的机械中，以实现运动方式的转换。（　　）

2．工作时只起支承作用的轴称为传动轴。（　　）

3．心轴在实际应用中都是固定的。（　　）

4．转轴是在工作中既承受弯矩又传递转矩的轴。（　　）

5．按轴的轴线形状不同，轴可分为曲轴和直轴。（　　）

6．轴头是轴的两端头部的简称。（　　）

7．轴上截面尺寸变化的部分称为轴肩或轴环。（　　）

8．圆螺母常用于轴端固定。（　　）

9．轴端挡板主要用于轴上零件的轴向固定。（　　）

10．不能承受较大载荷，主要起辅助连接的周向固定是紧定螺钉。（　　）

11．阶梯轴的直径应该是中间小、两端大。（　　）

12．阶梯轴上各截面变化处都应留有越程槽。（　　）

13．轴端面倒角的主要作用是便于轴上零件的安装与拆卸。（　　）

14．当轴上有两个以上的键槽时，槽宽应尽可能相同，并布置在同一方向上。（　　）

15．过盈配合的周向固定对中性好，可经常拆卸。（　　）

16．轴身是连接轴颈和轴头的部位。（　　）

17．装在轴上的滑移齿轮，必须要有轴向固定。（　　）

18．轴的材料一般多用中碳钢和灰铸铁。（　　）

三、填空题（将正确答案填写在横线上）

1．轴的主要功用是：支承________、传递________和________。

2．传动轴在工作时只承受________，不承受________或承受很小的弯矩。

3．根据轴承载情况的不同，可将直轴分为________、________和________三类。

4．轴是机器中________、________的零件之一。

5．自行车前轴工作时只承受________，起________作用。

6. 轴上零件的轴向固定的方法主要有____________、轴肩与轴环、____________、______________、______________、______________和紧定螺钉与挡圈等。

7. 轴的工艺结构应保证轴上零件有可靠的__________________；轴便于__________和尽量避免或减小____________；轴上零件便于____________。

8. 轴上零件轴向固定的目的是保证零件在轴上有________________，防止零件做____________，并能承受____________。

9. 轴上零件周向固定的目的是保证轴能可靠地传递________________，防止轴上零件与轴产生____________。

10. 轴上零件的周向定位与固定的方法主要有：__________、______________、____________、______________和______________等。

11. 在采用圆螺母作为轴向固定时，轴上必须切制出____________。

四、名词解释

1. 传动轴

2. 心轴

3. 轴颈

4. 轴头

五、综合题

1．如图 9–1 所示为电瓶车传动系统，试回答下列问题：

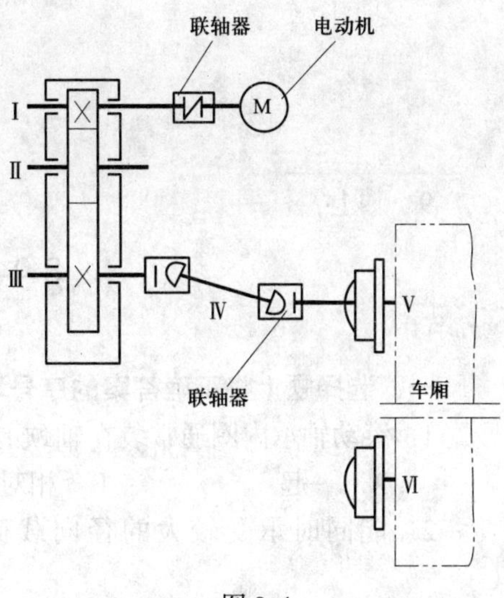

图 9–1

（1）分析图中各轴的类型：轴Ⅰ为__________，轴Ⅱ为__________，轴Ⅲ为__________，轴Ⅴ为__________，轴Ⅵ为__________。

（2）轴Ⅳ为__________轴，承受的载荷为__________。

2．试根据受载状况说明自行车的前轴、三轮车的后轮轴各是哪种类型的轴。

3．如图 9–2 所示，轴的结构有哪些地方需要改进？为什么？如何改进？

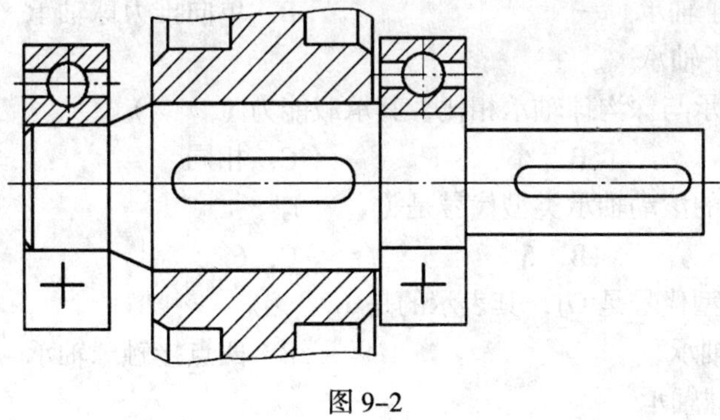

图 9–2

4．拆卸自行车的前轴，分析其工作状况，并确定其类型。

§9–2 滚动轴承

一、选择题（将正确答案的序号填写在括号内）

1．滚动轴承内圈通常装在轴颈上，与轴（　　）转动。

A．一起　　B．相对　　C．反向

2．能同时承受较大的径向载荷和轴向载荷，通常成对使用，对称布置安装的是（　　）。

A．深沟球轴承　　B．圆锥滚子轴承

C．推力球轴承

3．主要承受径向载荷，同时可承受少量双向轴向载荷，外圈内滚道为球面，能自动调心的是（　　）。

A．角接触球轴承　　B．调心球轴承

C．深沟球轴承

4．主要承受径向载荷，也可同时承受少量双向轴向载荷的是（　　）。

A．推力球轴承　　B．圆柱滚子轴承

C．深沟球轴承

5．只能承受单向轴向载荷的是（　　）。

A．圆锥滚子轴承　　B．单向推力球轴承

C．圆柱滚子轴承

6．圆柱滚子轴承与深沟球轴承相比，其承载能力（　　）。

A．大　　B．小　　C．相同

7．深沟球轴承的滚动轴承类型代号是（　　）。

A．4　　B．5　　C．6

8．滚动轴承类型代号是QJ，其表示的是（　　）。

A．调心球轴承　　B．四点接触球轴承

C．外球面球轴承

9．实际工作中，若轴的弯曲变形较大或两轴承座孔的同心度误差较大时，应选用（　　）。

A．调心球轴承　　B．推力球轴承

C．深沟球轴承

10．工作中若滚动轴承只承受轴向载荷时，应选（　　）。

A．圆柱滚子轴承　　　　　　　　　　B．圆锥滚子轴承

C．推力球轴承

11．（　　）是滚动轴承代号的基础。

A．前置代号　　　　B．基本代号　　　　C．后置代号

12．盘形凸轮轴的支承应选用（　　）。

A．深沟球轴承　　B．推力球轴承　　C．调心球轴承

13．斜齿轮传动中，轴的支承一般选用（　　）。

A．圆柱滚子轴承　　　　　　　　　　B．圆锥滚子轴承

C．深沟球轴承

14．针对以下特点，找出相应的轴承类型代号。

（1）主要承受径向载荷，也可承受一定轴向载荷的是（　　）。

（2）只能承受单向轴向载荷的是（　　）。

（3）可同时承受径向载荷和单向轴向载荷的是（　　）。

A．6208　　　　B．5108　　　　C．31108

二、判断题（正确的打“√”；错误的打“×”）

1．轴承性能的好坏对机器的性能没有影响。（　　）

2．双向推力球轴承能承受双向径向载荷。（　　）

3．深沟球轴承能同时承受径向载荷和轴向载荷。（　　）

4．双向推力球轴承能同时承受径向载荷和轴向载荷。（　　）

5．角接触球轴承可承受径向载荷和双向轴向载荷。（　　）

6．滚动轴承基本代号是指轴承系列代号。（　　）

7．圆锥滚子轴承的轴承类型代号是N。（　　）

8．滚动轴承代号的直径系列表示同一内径轴承的各种不同宽度。（　　）

9．滚动轴承在满足使用要求的前提下，尽量选用精度低、价格便宜的轴承。（　　）

10．只承受纯径向载荷、转速低、载荷较大或有冲击时，应选用深沟球轴承。（　　）

11．一般球轴承较滚子轴承价格贵。（　　）

12．一般同型号的滚动轴承精度等级越高，其价格越贵。（　　）

13．滚动轴承的前置代号、后置代号是轴承基本代号的补充代号，不能省略。（　　）

三、填空题（将正确答案填写在横线上）

1．轴承的功用是支承__________及__________。

2．轴承按摩擦性质不同可分为__________和__________两大类。

3．滚动轴承的基本结构一般是由__________、__________、__________和__________四部分组成。

4．保持架的作用是分隔开两个相邻的__________，以减小滚动体之间的__________和__________。

5．通常滚动轴承的__________随着轴颈旋转，而__________固定在机体上。

6．滚动轴承可分为__________轴承和__________轴承。

7．向心轴承分为__________接触轴承和__________接触轴承。

8．滚动轴承代号由__________代号、__________代号和__________代号构成。其中

＿＿＿＿＿代号是轴承代号的核心，它表示滚动轴承的＿＿＿＿＿、＿＿＿＿＿和＿＿＿＿＿。

9．在选择滚动轴承类型时，主要考虑所受载荷的＿＿＿＿＿、＿＿＿＿＿和＿＿＿＿＿。

10．为了防止润滑剂中脂或油的泄漏和外界有害物质侵入轴承内，滚动轴承必须＿＿＿＿＿。

11．滚动轴承常用的密封方法有＿＿＿＿＿密封和＿＿＿＿＿密封。

12．"6203/P63"表示轴承的公差等级为＿＿＿＿＿级，游隙为＿＿＿＿＿组。

四、解释滚动轴承代号的含义

1．52308

2．30212/P53

3．6211/P6

五、综合题

1．如图 9–3 所示，根据工作要求，该轴上选用了一对代号为 31209 的滚动轴承，从轴承承载情况并结合轴上结构做进一步分析。

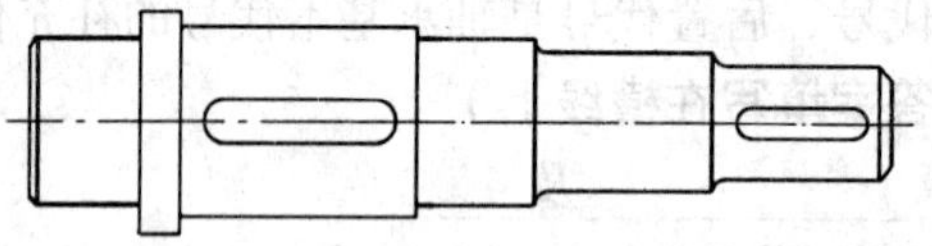

图 9–3

（1）该对滚动轴承为（　　）。

A．深沟球轴承　　B．圆锥滚子轴承

C．推力球轴承

（2）该轴属于（　　）。

A．转轴　　B．心轴　　C．传动轴

（3）左侧键处安装的是（　　）。

A．直齿圆柱齿轮　　B．斜齿圆柱齿轮　　C．人字齿轮

（4）右侧键处安装联轴器，该键选用了（　　）普通平键。

A．C 型　　B．A 型　　C．B 型

2．如图 9–4 所示为滚动轴承的结构，试回答：

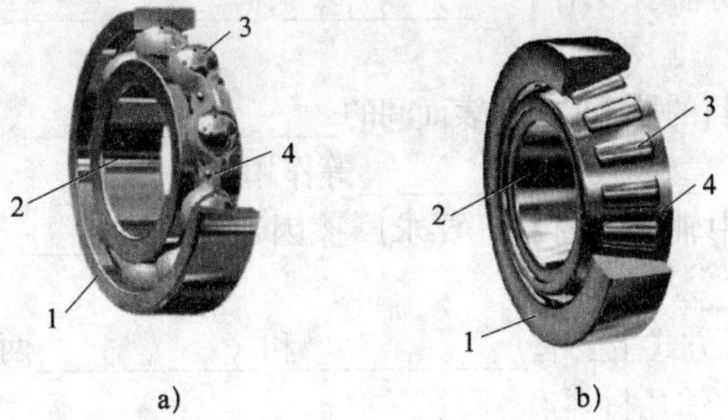

a)　　b)

图 9–4

（1）各序号零件的名称为：1＿＿＿＿＿＿＿；2＿＿＿＿＿＿＿；3＿＿＿＿＿＿＿；4＿＿＿＿＿＿＿。

（2）图 a 滚动体是＿＿＿＿＿＿＿；图 b 滚动体是＿＿＿＿＿＿＿。

（3）序号 4 的作用是分隔开两个相邻的＿＿＿＿＿＿＿，以减小滚动体之间的＿＿＿＿＿＿＿和＿＿＿＿＿＿＿。

§9–3　滑动轴承

一、选择题（将正确答案的序号填写在括号内）

1．滑动轴承与滚动轴承相比，其承载能力（　　）。

A．大　　B．小　　C．相同

2．径向滑动轴承中，（　　）装拆方便，应用广泛。

A．整体式滑动轴承　　B．对开式滑动轴承　　C．调心式滑动轴承

3．适用于大型、重载、高速、精密和自动化机械设备中，滑动轴承的润滑方式为（　　）。

A．芯捻式油杯润滑　　B．针阀式油杯润滑　　C．压力润滑

4．属于间歇润滑的是（　　）

A．芯捻式油杯润滑　　B．压配式油杯润滑　　C．油环润滑

5．轴旋转时带动油环转动，把油箱中的油带到轴颈上进行润滑的方法称为（　　）。

A．滴油润滑　　B．油环润滑　　C．压力润滑

二、判断题（正确的打“√”；错误的打“×”）

1．滑动轴承的抗冲击能力与滚动轴承相比要强。（　　）

2．滑动轴承能获得很高的旋转精度。（　　）

3．滑动轴承采用的整体式轴瓦上没有油沟。（　　）

4．常用的轴瓦材料有 45 钢、铝合金等。（　　）

5．滑动轴承采用压力润滑时，润滑油的压力润滑部件是连续式供油装置。（　）

6．滑动轴承工作时的噪声和振动均小于滚动轴承。（　）

三、填空题（将正确答案填写在横线上）

1．整体式径向滑动轴承多用于__________、__________或__________工作的机器中。

2．滑动轴承润滑的目的是减少工作表面间的____________，同时还起__________、__________、__________及__________等作用。

3．对于滑动轴承中轴瓦的材料，要求摩擦因数__________，导热性__________，热膨胀系数__________。

4．滑动轴承的润滑方式主要有__________和__________两种。

5．滑动轴承常用的轴瓦材料有__________、__________和具有特殊性能的轴承材料。

四、应用题

1．在生产实践和日常生活中，寻找两个应用滑动轴承的实例。

2．关于径向滑动轴承的结构，试回答：

（1）常用径向滑动轴承一般有__________、__________和__________三种结构形式。

（2）在上述三种结构形式中，________________结构最简单；________________装拆方便，应用最广泛。

（3）________________轴承磨损后径向间隙无法调整；________________轴承的轴瓦与轴承盖、轴承座之间为球面接触。

第十章 弹　　簧

§10-1 弹簧的功用与类型

一、选择题（将正确答案的序号填写在括号内）

1．内燃机中控制气缸阀门启闭的弹簧所起的作用是（　　）。

A．控制机械的运动　　　　B．缓冲

C．存储和输出能量　　　　D．测量力

2．测力器中的弹簧所起的作用是（　　）。

A．缓冲　　　　B．存储和输出能量

C．测量力　　　　D．控制机械的运动

3．承受压力的弹簧是（　　）。

A．拉伸弹簧　　　　B．扭转弹簧

C．环形弹簧　　　　D．涡卷弹簧

二、判断题（正确的打"√"；错误的打"×"）

1．空间尺寸相同的矩形截面弹簧比圆形截面弹簧吸收能量更大。（　　）

2．平面涡卷弹簧承受转矩，多用作储能弹簧。（　　）

3．蝶形弹簧承受转矩，在各种装置中用于压紧、储能或传递转矩。（　　）

4．板弹簧主要用于汽车、拖拉机和铁路车辆的车厢悬挂装置，起缓冲和减振作用。（　　）

三、填空题（将正确答案填写在横线上）

1．弹簧是一种__________元件，具有__________小、__________大、在载荷作用下容易产生__________变形等特性。

2．按照所承受的载荷不同，弹簧可以分为__________弹簧、__________弹簧、__________弹簧和__________弹簧等四种类型。

3．按照形状不同，弹簧可分为__________弹簧、__________弹簧、__________弹簧、__________弹簧、__________弹簧和__________弹簧等。

四、问答题

1．弹簧的主要功能有哪些？

2. 环形弹簧有哪些特点和用途？

§10-2　圆柱螺旋弹簧的结构及基本几何参数

一、选择题（将正确答案的序号填写在括号内）

1. 弹簧除参加变形的有效圈数外，两端各有（　　）圈并紧不参与变形。

A. 0.5 ~ 0.75　　B. 0.75 ~ 1.5　　C. 0.75 ~ 1.75　　D. 1.75 ~ 2.5

2. 拉伸弹簧的（　　）的挂钩可转到任何方向，便于安装，同时承载能力有所提高，用于载荷较大的场合。

A. 半圆勾环　　B. 长臂半圆勾环　　C. 圆勾环　　D. 可转勾环

3. 用来缠绕弹簧的钢丝直径称为（　　）。

A. 线径　　B. 内径　　C. 外径　　D. 中径

二、判断题（正确的打"√"；错误的打"×"）

1. 半圆勾环只能适用于中小载荷及不重要的场合。（　　）

2. 长臂半圆勾环承载能力强，用于载荷较大的场合。（　　）

3. 等节距圆柱螺旋弹簧的弹簧刚度是一个常数。（　　）

三、填空题（将正确答案填写在横线上）

1. 圆柱形螺旋弹簧可分为________弹簧、________弹簧和________弹簧。

2. 圆柱螺旋压缩弹簧的支承圈端部有________、________和不磨平也不并紧的形式。

3. 压缩弹簧并紧的几圈称为________或________。

4. 圆柱螺旋弹簧的弹簧外径是指弹簧的________直径，弹簧内径是指弹簧的________直径，弹簧中径是指弹簧内径和外径的________。

四、名词解释

1. 有效圈数

2. 支承圈数

3. 节距

4. 自由高度（长度）

5. 弹簧刚度

§10-3 弹簧的材料与制造

一、选择题（将正确答案的序号填写在括号内）

1.（　　）用于线径较大、受冲击载荷的场合。

A. 冷拉碳素弹簧钢丝　　B. 不锈弹簧钢丝

C. 合金弹簧钢丝　　D. 铍青铜圆形线材

2. 弹簧丝直径（　　）时常采用冷卷法。

A. 小于 8 mm　　B. 大于 8 mm

C. 较大

二、判断题（正确的打"√"；错误的打"×"）

1. 在选择弹簧材料时，一般应优先选用退火－回火弹簧钢丝。（　　）

2. 冷拉弹簧钢丝卷成弹簧后一般不再进行淬火处理。（　　）

3. 强压处理后不允许再进行热处理。（　　）

4. 长期工作在振动、高温或腐蚀性介质环境下的弹簧，宜进行强压处理。（　　）

三、填空题（将正确答案填写在横线上）

1. 弹簧的材料应具有较高的________________、________________、________________和良好的热处理性能。

2. 弹簧的卷制分____________和____________两种。

3. 为了提高弹簧的承载能力，可对弹簧进行____________处理或____________处理。

四、问答题

1. 制作弹簧的材料主要有哪些？

2．简述螺旋弹簧的制造过程。

3．如何对弹簧进行强压处理？